应用型人才培养精品教材

信息技术基础实训指导

主 审 朱 炜

主 编 余德润 彭 涛 刘成林

副主编 危 珊 黄道春 王 璐
朱丽萍 黄 娟 余丽娜 余鑫海

参 编 辛建平 谢晓东 雷烈军
熊淑云 余 捷 万丽平

電子工業出版社
Publishing House of Electronics Industry
北京 · BEIJING

内 容 简 介

本书根据信息技术行业的发展现状，以及职业教育教学改革的要求，邀请了企业人员参与编写，体现了“校企双元”的合作特点。本书是《信息技术基础》配套的实训指导教材，提供了丰富的标准化试题测试和实训操作测试。本书将练习与实际运用相结合，对各模块的知识点进行了归纳总结。本书共有6个模块，每个模块设置均设置了学习情境。在本书的最后，提供了习题参考答案，方便读者自学。

本书可以作为应用型本科院校、高等职业院校、中等职业院校计算机应用基础课程的实训指导教材，也可作为计算机类专业的专用实训教材，以便与其他理论教材配套使用。

图书在版编目（CIP）数据

信息技术基础实训指导 / 余德润，彭涛，刘成林主编. —北京：电子工业出版社，2021.5
ISBN 978-7-121-41305-6

Ⅰ. ①信… Ⅱ. ①余… ②彭… ③刘… Ⅲ. ①电子计算机－教学参考资料 Ⅳ. ①TP3

中国版本图书馆CIP数据核字（2021）第105922号

责任编辑：薛华强
印　　刷：保定市中画美凯印刷有限公司
装　　订：保定市中画美凯印刷有限公司
出版发行：电子工业出版社
　　　　　北京市海淀区万寿路173信箱　　邮编：100036
开　　本：787×1092　1/16　　印张：8.25　　字数：228千字
版　　次：2021年5月第1版
印　　次：2022年9月第3次印刷
定　　价：33.80元

凡所购买电子工业出版社图书有缺损问题，请向购买书店调换。若书店售缺，请与本社发行部联系，联系及邮购电话：（010）88254888，88258888。

质量投诉请发邮件至zlts@phei.com.cn，盗版侵权举报请发邮件至dbqq@phei.com.cn。

本书咨询联系方式：（010）88254569，xuehq@phei.com.cn，QQ1140210769。

前　言

本书是《信息技术基础》配套的实训指导教材。《信息技术基础》与《信息技术基础实训指导》是2020年全国高等院校计算机基础教育研究会立项课题“信息技术基础课程重构建设研究”（课题立项编号：2020- AFCEC -142）的研究成果。

本书根据信息技术行业的发展现状，充分考虑职业教育的特色，从职业岗位所需的信息素养入手，以实际应用为主线，力求理论联系实际，结合作者多年的教学经验，精心编写而成。本书按照“以学生为中心、以学习成果为导向、促进学生自主学习”的思路，引导老师按照“项目导向、任务驱动”的教学模式进行教学。本书提供了一体化的教学资源，内容覆盖了计算机等级（一级）考试的主要知识点。

本书的特点与《信息技术基础》的特点一致，本书的内容与《信息技术基础》的相应内容紧密结合，并有所延伸，以帮助学生进一步巩固所学的知识，并提高应用技能。

本书共有6个模块，除模块1外，其余模块均设置了两个学习情境。本书收集了大量的资料，并对各模块的知识点进行了归纳总结。作者围绕各知识点精心编写了典型例题，力求做到通俗易懂、语言精练、实用性强。本书提供了相关的案例素材及参考答案，读者可以登录华信教育资源网（www.hxedu.com.cn），免费注册后下载相关资源。如有问题可在网站留言板中留言或与电子工业出版社联系（E-mail：hxedu@phei.com.cn），读者还可以通过QQ（1319948667）与编者联系。

本书由余德润、彭涛、刘成林担任主编，朱炜担任主审，危珊、黄道春、王璐、朱丽萍、黄娟、余丽娜、余鑫海担任副主编，辛建平、谢晓东、雷烈军、熊淑云、余捷、万丽平参与编写。

本书涉及的“单位名称”“姓名”“个人信息”等内容纯属虚构，如有雷同，纯属巧合。由于编者水平有限，加之时间仓促，书中难免有疏漏和不妥之处，敬请各位读者和专家批评指正。

编　者

目 录

模块 1

计算机的认识和使用

学习情境一：标准化试题测试

一、单项选择题

1．世界上第一台电子计算机诞生于（　　）。
A．1945 年　　B．1946 年　　C．1947 年　　D．1948 年

2．第一台电子计算机的英文缩写名是（　　）。
A．ENIAC　　B．MARK　　C．EDVAC　　D．EDSAC

3．计算机的发展大致可分为四个阶段，第一代计算机为（　　）。
A．晶体管计算机　　B．中小规模集成电路计算机
C．电子管计算机　　D．超大规模集成电路计算机

4．第四代计算机采用的主要逻辑元件是（　　）。
A．电子管　　B．晶体管
C．中小规模集成电路　　D．超大规模集成电路

5．应用软件指（　　）。
A．所有能够使用的软件
B．所有微型计算机中都应使用的基本软件
C．专门为实现某一应用目的而编制的软件
D．能被各应用单位共同使用的某种软件

6．配置高速缓冲存储器（Cache）是为了解决（　　）。
A．内存与辅助存储器之间速度不匹配的问题
B．CPU 与辅助存储器之间速度不匹配的问题
C．CPU 与主存储器之间速度不匹配的问题
D．主机与外围设备之间速度不匹配的问题

7．机器人是计算机在（　　）方面的应用。
A．人工智能　　B．数据处理　　C．实时控制　　D．科学计算

8．在计算机应用领域中，CAD 的含义是（　　）。

A．计算机辅助制造　　B．计算机辅助设计
C．计算机辅助教学　　D．计算机辅助测试

9．在计算机应用领域中，CAI 的含义是（　　）。
A．计算机辅助测试　　B．计算机辅助制造
C．计算机辅助教学　　D．计算机辅助设计

10．计算机的主要特点有运算速度快、计算精度高、自动执行程序、具有（　　）及处理信息和数据的能力。
A．过程控制的能力　　B．程序设计的能力
C．程序控制的能力　　D．记忆和逻辑判断的能力

11．世界上首次提出存储程序和程序控制计算机体系结构的科学家是（　　）。
A．冯•诺依曼　　B．布尔　　C．莫奇莱　　D．图灵

12．计算机的工作过程就是（　　）的过程。
A．程序设计　　B．处理信息　　C．执行程序　　D．程序控制

13．计算机的工作原理是（　　）。
A．程序设计和程序控制　　B．程序设计和程序存储
C．程序存储和程序运行　　D．程序存储和程序控制

14．一个完整的微型计算机系统应包括（　　）。
A．计算机及外部设备　　B．主机箱、键盘、显示器和打印机
C．硬件系统和软件系统　　D．系统软件和系统硬件

15．计算机系统的主要性能指标包括（　　）、主频、运算速度、存储容量、可靠性、可维护性及兼容性等。
A．位　　B．精度　　C．字节　　D．字长

16．键盘上的 Caps Lock 键是（　　）。
A．大写字母锁定键　　B．换挡键
C．数字锁定键　　D．回车键

17．键盘上的 Shift 键是（　　）。
A．中英文切换键　　B．控制键　　C．交换键　　D．换挡键

18．键盘上的 Num Lock 键是（　　）。
A．回车键　　B．交换键　　C．控制键　　D．数字锁定键

19．键盘上的 Enter 键是（　　）。
A．删除键　　B．回车键　　C．取消键　　D．空格键

20．键盘上的 Ctrl 键是（　　）。
A．控制键　　B．换挡键　　C．退格键　　D．交换键

21．计算机硬件系统的五个基本组成部分包括（　　）、控制器、存储器、输入设备及输出设备。
A．中央处理器　　B．运算器　　C．显示器　　D．磁盘驱动器

22．在计算机中，运算器的主要功能是进行（　　）。
A．逻辑运算　　B．算术运算
C．算术运算和逻辑运算　　D．算术运算或逻辑运算

23．在计算机中，对数据进行加工与处理的部件通常被称为（　　）。

A．运算器　　B．控制器　　C．显示器　　D．存储器

24．在计算机中，控制器的基本功能是（　　）。

A．存储各种控制信号

B．产生各种控制信号

C．传送各种控制信号

D．发出各种控制信号，指挥并协调各部件正确地执行程序

25．通常，将运算器和控制器集成在一块芯片上，构成中央处理器。中央处理器的简称是（　　）。

A．主机　　B．ALU　　C．CPU　　D．UBS

26．CPU 能直接访问的存储器是（　　）。

A．光盘　　B．内存　　C．硬盘　　D．软盘

27．在微型计算机中，主机包括（　　）。

A．CPU 和存储器　　B．CPU 和硬盘

C．CPU 和内存储器　　D．CPU 和外存储器

28．主机板上的 CMOS 芯片的主要用途是（　　）。

A．管理内存与 CPU 的通信

B．存储基本 BIOS、引导程序和自检程序

C．存储时间、日期、硬盘参数与计算机配置信息

D．增加内存的容量

29．基本输入输出系统 BIOS 是（　　）。

A．外设　　B．软件　　C．外存　　D．总线

30．微型计算机中的 Cache 是（　　）。

A．动态存储器　　B．静态存储器

C．高速缓冲存储器　　D．可编程存储器

31．在计算机中，内存储器分为 RAM 和 ROM。其中，RAM 是（　　）。

A．随机存储器　　B．高速缓冲存储器

C．只读存储器　　D．顺序读写存储器

32．断电会使原来存储的信息丢失的存储器是（　　）。

A．硬盘　　B．光盘　　C．ROM　　D．RAM

33．双击打开一个程序文件，实际上是将它调入（　　）中运行。

A．RAM　　B．ROM　　C．CD-ROM　　D．CPU

34．存储的信息只能读出，不能写入，断电后信息也不会丢失的存储器是（　　）。

A．磁带　　B．RAM　　C．ROM　　D．闪盘

35．一台计算机的硬盘容量标注为 800GB，其存储容量是（　　）。

A．800×2^{10}B　　B．800×2^{20}B　　C．800×2^{30}B　　D．800×2^{40}B

36．硬盘是一种（　　）。

A．内存储器　　B．外存储器　　C．只读存储器　　D．随机存储器

37．人们通常所说的“裸机”指（　　）。

A．只装备操作系统的计算机　　B．不带输入/输出设备的计算机
C．未装备任何软件的计算机　　C．计算机主机暴露在外

38．计算机的内存容量是计算机的主要性能指标之一，内存容量指（　　）。
A．ROM 的容量　　B．RAM 的容量
C．EPROM 的容量　　D．ROM 和 RAM 的容量

39．在计算机中，bit 的中文含义是（　　）。
A．二进制位　　B．字节　　C．字　　D．双字

40．在内存中，每个存储单元都被赋予一个唯一的序号，这个序号被称为（　　）。
A．字节　　B．编号　　C．地址　　D．容量

41．计算机存储容量的基本单位是（　　）。
A．扇区　　B．磁道　　C．字节　　D．字长

42．微型计算机通常根据微处理器划分发展阶段，通常所说的 64 位机指（　　）。
A．可表示的最大数值为 64 位
B．能处理最多为 64 位的十进制数
C．表示一次能处理的二进制数的最大位数是 64 位
D．能处理的字符串为 64 个字符

43．在微型计算机中，CD-ROM 是（　　）。
A．只读型硬盘　　B．只读型软盘　　C．只读型移动盘　　D．只读型光盘

44．下列设备中，属于输入设备的是（　　）。
A．键盘　　B．绘图仪　　C．打印机　　D．显示器

45．下列设备中，属于输出设备的是（　　）。
A．摄像头　　B．扫描仪　　C．显示器　　D．光电笔

46．显示器的显示效果与（　　）有关。
A．屏幕大小　　B．亮度　　C．对比度　　D．分辨率

47．主板上的 AGP 插槽用于插（　　）。
A．声卡　　B．显卡　　C．网上　　D．内存条

48．根据总线上传送信息的差异，一般将总线分为控制总线、地址总线及（　　）。
A．信号总线　　B．内部总线　　C．数据总线　　D．外部总线

49．在微型计算机中，实现主机与外设之间的信息交换必须通过（　　）。
A．光缆　　B．接口　　C．总线　　D．电缆

50．把内存中的数据传送到计算机的外存中，这个过程被称为（　　）。
A．输入　　B．读盘　　C．输出　　D．写盘

51．在计算机应用技术中，AI 表示（　　）。
A．办公自动化　　B．决策支持系统　　C．人工智能　　D．管理信息系统

52．在计算机中，内存储器与外存储器相比，内存储器的主要特点是（　　）。
A．读写速度快，存储容量大　　B．读写速度快，存储容量小
C．写速度慢，存储容量小　　D．运算速度慢，存储容量大

53．微型计算机通常用微处理器的（　　）进行分类。
A．价格　　B．字长　　C．性能　　D．规格

54．在微型计算机中，普遍使用的字符编码是（　　）。

A．ASCII 码　B．BCD 码　C．外码　D．拼音码

55．下列字符中，ASCII 码最大的是（　　）。

A．E　B．L　C．y　D．h

56．汉字国标码（GB 2312—80）规定，一个汉字使用（　　）。

A．一字节表示　B．两字节表示　C．三字节表示　D．四字节表示

57．汉字输入码虽然很多，但在机器内部，这些输入码都被转换成统一的编码，这种编码被称为（　　）。

A．字形码　B．国标码　C．内码　D．外码

58．在汉字系统的汉字字库里存放的是汉字的（　　）。

A．机内码　B．输入码　C．字形码　D．国标码

59．在计算机内部，存储和处理数据一律采用（　　）。

A．十六进制　B．十进制　C．八进制　D．二进制

60．在计算机中采用二进制，其原因是（　　）。

A．可降低硬件成本　B．两个状态的系统具有稳定性

C．二进制的运算法则简单　D．上述三个原因

61．微机系统的开机顺序是（　　）。

A．先开主机后开显示器　B．先开外设后开主机

C．先开主机后开打印机　D．先开主机后开外设

62．计算机软件系统包括（　　）。

A．编译软件和连接程序　B．程序和数据

C．数据软件和管理软件　D．系统软件和应用软件

63．计算机软件由程序、文档和（　　）组成。

A．指令　B．工具　C．数据　D．语句

64．系统软件中的核心软件是（　　）。

A．操作系统　B．各种工具软件　C．语言处理程序　D．数据库管理系统

65．语言处理程序属于（　　）。

A．应用软件　B．图形软件　C．系统软件　D．字处理软件

66．通常将计算机的指令集合称为（　　）。

A．数据　B．程序　C．软件　D．语言

67．数据库管理系统属于（　　）。

A．应用软件　B．工具软件　C．系统软件　D．编辑系统

68．操作系统是（　　）。

A．软件与硬件的接口　B．计算机与用户的接口

C．主机与外设的接口　D．高级语言与机器语言的接口

69．操作系统的主要功能是（　　）。

A．控制和管理计算机系统软件资源

B．控制和管理数据库系统和语言处理系统

C．控制和管理计算机系统硬件资源

D．控制和管理计算机系统软、硬件资源

70．操作系统文件管理的主要功能是（　　）。

A．实现按文件内容存储　　B．实现虚拟存储

C．实现按文件名存取　　D．实现文件高速输入/输出

71．计算机能够直接识别和处理的语言是（　　）。

A．汇编语言　　B．自然语言　　C．高级语言　　D．机器语言

72．使用高级语言编写的程序被称为（　　）。

A．源程序　　B．解释程序　　C．编译程序　　D．目标程序

73．计算机语言包括（　　）。

A．机器语言、BASIC 语言和 C 语言

B．二进制代码语言、机器语言和高级语言

C．机器语言、汇编语言和高级语言

D．机器语言、汇编语言和数据库语言

74．机器语言又被称为（　　）。

A．汇编语言　　B．数据库语言　　C．高级语言　　D．二进制代码语言

75．将高级语言编写的程序翻译成机器语言程序，采用的两种翻译方式是（　　）。

A．编译和链接　　B．解释和汇编　　C．编译和汇编　　D．编译和解释

76．下列属于系统软件的是（　　）。

A．AutoCAD　　B．Windows 10

C．Adobe Photoshop　　D．Microsoft Word

77．下列属于应用软件的是（　　）。

A．DOS　　B．UNIX　　C．Windows 10　　D．Adobe Flash

78．某公司的财务管理软件属于（　　）。

A．工具软件　　B．系统软件　　C．应用软件　　D．编辑软件

79．个人计算机属于（　　）。

A．巨型机　　B．中型机　　C．小型机　　D．微型机

80．运算速度是计算机的性能指标之一，一般用（　　）来衡量。

A．Mbps　　B．ns　　C．MIPS　　D．GHz

81．在计算机死机的情况下，重新启动时不经过自检的方式是（　　）。

A．按 Ctrl+Alt+Delete 组合键　　B．单击“Reset”按钮

C．按 Shift+Alt+Delete 组合键　　D．单击“Power”按钮

82．在计算机中，存储容量为 1GB，表示（　　）。

A．1024×1024×1024 字　　B．1024×1024×1024 字节

C．1000×1000×1000 字　　D．1000×1000×1000 字节

83．下列情况中，属于引发磁盘信息丢失的原因是（　　）。

A．长时间放置不用　　B．读写时间过长

C．放在强磁场附近　　D．放在低温中保存

84．（　　）是 CPU 的主要性能指标之一，用于表示 CPU 内核工作的时钟频率。

A．外频　　B．主频　　C．位　　D．字长

85．微型计算机的性能主要由（　　）决定。

A．质量　B．控制器　C．CPU　D．性能比

86．十六进制数在书写时常在后面加字母（　　）。

A．H　B．O　C．D　D．B

87．十进制数 14 对应的二进制数是（　　）。

A．1111　B．1110　C．1010　D．1100

88．将二进制数 10111 转化成十进制数是（　　）。

A．21　B．22　C．23　D．24

89．将二进制数 110101 转换成八进制数是（　　）。

A．$(75)_8$　B．$(56)_8$　C．$(65)_8$　D．$(57)_8$

90．将二进制数 1001010 转换成十六进制数是（　　）。

A．$(410)_{16}$　B．$(104)_{16}$　C．$(A4)_{16}$　D．$(4A)_{16}$

91．下列 4 个数中，最大的是（　　）。

A．(111011)B　B．(61)D　C．(74)O　D．(3A)H

92．下列 4 种进制的数值中，最小的是（　　）。

A．$(11000001)_2$　B．$(305)_8$　C．$(200)_{10}$　D．$(C2)_{16}$

93．I/O 接口位于（　　）。

A．主机和 I/O 设备之间　B．主机和总线之间

C．总线和 I/O 设备之间　D．CPU 与存储器之间

94．下列说法中，正确的是（　　）。

A．硬件系统配置应用软件是可运行的

B．硬件系统第一次扩充要安装数据库管理系统

C．硬件配置要尽量满足机器的可扩充性

D．系统软件的好坏决定计算机的性能

95．下列关于计算机系统硬件的说法中，不正确的是（　　）。

A．CPU 主要由运算器、控制器和寄存器组成

B．当关闭计算机电源后，RAM 中的程序和数据就消失了

C．硬盘上的数据均由 CPU 直接存取

D．硬盘驱动器既属于输入设备，又属于输出设备

96．计算机的 CPU 每执行一个（　　），就完成一步基本运算或判断。

A．语句　B．指令　C．程序　D．软件

97．计算机能按照人们的意图自动、高速地进行操作，其原因是采用了（　　）。

A．程序存储在内存中　B．高性能的 CPU

C．高级语言　D．机器语言

98．下列关于字符之间大小关系的说法中，正确的是（　　）。

A．空格符>a>A　B．空格符>A>a　C．a>A>空格符　D．A>a>空格符

99．下列选项中，（　　）属于面向对象的程序设计语言。

A．C　B．FORTRAN　C．Pascal　D．JAVA

100．云计算不包括的服务模式是（　　）。

A. 基础设施即服务（IaaS） B. 软件即服务（SaaS）
C. 计算机即服务（CaaS） D. 平台即服务（PaaS）

101. 下列存储器中，读写速度最快的是（ ）。
A. 内存 B. 硬盘 C. 软盘 D. 光盘

102. 下列关于二进制的说法中，错误的是（ ）。
A. 二进制数只有 0 和 1 两个数码
B. 二进制运算逢二进一
C. 二进制数各位上的权分别为 0，2，4……
D. 二进制数只由 2 位数组成

103. 计算机病毒指（ ）。
A. 为保护正版软件设计的特殊程序 B. 人为设计的具有破坏性的程序代码
C. 具有传染性的病菌 D. 磁盘生霉不能使用

104. 发现计算机病毒后，比较彻底的清除方式是（ ）。
A. 用查毒软件处理 B. 用杀毒软件处理
C. 删除磁盘文件 D. 格式化磁盘

105. 计算机病毒主要破坏（ ）。
A. 磁盘驱动器 B. 软盘 C. 硬盘 D. 程序和数据

106. 防火墙能够（ ）。
A. 杜绝病毒对计算机的入侵 B. 自动发现病毒入侵的某些迹象
C. 自动阻止任何病毒的入侵 D. 自动清除已感染的所有病毒

107. 下列选项中，（ ）不属于计算机病毒的特征。
A. 破坏性 B. 潜伏性 C. 传染性 D. 免疫性

108. 为了保证数据在遭到破坏后能及时恢复，必须定期进行（ ）。
A. 病毒检测 B. 数据维护 C. 数据备份 D. 数据加密

109. 发现计算机感染病毒后，应采取的做法是（ ）。
A. 重新启动计算机并格式化硬盘
B. 重新启动计算机并删除硬盘上的文件
C. 用一张无毒系统光盘重新启动计算机后，再用杀毒软件进行杀毒
D. 直接用杀毒软件进行杀毒，就可以清除所有病毒

110. 按寄生方式分类，计算机病毒可分为文件型、复合型及（ ）。
A. 引导型 B. 破坏型 C. 潜伏型 D. 传染型

111. 常见的保证网络安全的工具是（ ）。
A. 防病毒工具 B. 操作系统 C. 防火墙 D. 网络快车

112. 下列选项中，不会造成计算机病毒传播的是（ ）。
A. 浏览网页 B. 电子邮件 C. U 盘 D. 键盘

113. 下列关于计算机的说法中，正确的是（ ）。
A. 杀毒软件能够清除所有计算机病毒
B. 防火墙能够防止所有计算机病毒入侵
C. 计算机病毒具有隐蔽性

D．计算机一旦感染病毒，就会立即破坏计算机系统

114．在计算机开机的情况下可以进行插、拔操作的设备是（　　）。

A．硬盘　　B．PS/2 接口的鼠标

C．并行接口的打印机　　D．USB 的闪盘

115．下列关于计算机的说法中，正确的是（　　）。

A．计算机的主机只包括 CPU

B．计算机程序必须装载到内存中才能执行

C．计算机必须具有硬盘才能工作

D．计算机键盘上的字母键的排列方式是随机的

116．在购买计算机时，不仅要考虑计算机的性能，也要考虑计算机的价格，这就是通常所说的要追求较高的（　　）。

A．比值　　B．运行速度　　C．性价比　　D．效率

117．多媒体计算机指（　　）。

A．安装多种媒体播放器的计算机

B．能看视频、能听音乐的计算机

C．能与多种媒体共同使用的计算机

D．能处理文字、图形、图像、音频、视频、动画等数据的计算机

118．在多媒体计算机系统中，能实现声波/数字信号相互转换，具有播放与录音功能的硬件是（　　）。

A．显卡　　B．影卡　　C．声卡　　D．网卡

119．为了减少多媒体数据所占的存储空间，可以采用（　　）技术。

A．多媒体压缩/解压缩　　B．多媒体通信

C．多媒体数据库　　D．多媒体交互性

120．下列选项中，不属于多媒体硬件的是（　　）。

A．光盘驱动器　B．加密卡　　C．视频卡　　D．音频卡

二、判断题

1．计算机与其他计算工具的本质区别是能存储数据和程序。（　　）

2．硬盘上的信息可直接进入 CPU 进行处理。（　　）

3．在操作计算机的过程中，如果突然断电，则在 RAM 和 ROM 中保存的信息会全部丢失。（　　）

4．在微型计算机中，任何外设都可以直接与主机进行信息交换。（　　）

5．在微型计算机应用领域中，会计电算化属于科学计算应用领域。（　　）

6．新磁盘必须格式化后才能使用。（　　）

7．键盘和显示器是微型计算机不可缺少的外部设备，其简称为 I/O 设备。（　　）

8．显示器上所显示的内容既有计算机运行的结果，也有用户从键盘输入的内容，因此显示器既是输入设备又是输出设备。（　　）

9．运算器又被称为算术逻辑部件，其简称为 ALU。（　　）

10．显示适配器是系统总线和显示器之间的接口。（ ）
11．键盘上的 Ctrl 键主要起控制作用，它必须与其他键同时按下才有效。（ ）
12．硬件系统指微型计算机主机箱中的所有设备。（ ）
13．系统软件是从市场上买来的软件，而应用软件是用户自己编写的软件。（ ）
14．计算机可以直接执行用高级语言编写的程序。（ ）
15．计算机病毒只会破坏磁盘上的程序。（ ）
16．计算机病毒是一种程序代码，目的是破坏和干扰计算机系统正常运行。（ ）
17．计算机病毒可以利用系统、应用软件的漏洞进行传播。（ ）
18．安装了防火墙软件的计算机就不会被病毒干扰和破坏。（ ）
19．在计算机内，多媒体数据最终是以特殊的压缩码的形式保存的。（ ）
20．触摸屏是一种能够快速进行人机对话的工具。（ ）

模块 2

计算机操作基础

学习情境一：标准化试题测试

一、单项选择题

1．下列关于 Windows 10 的窗口的说法中，正确的是（　　）。

A．屏幕上只能出现一个窗口，即活动窗口

B．屏幕上可以出现多个窗口，但只有一个活动窗口

C．屏幕上可以出现多个窗口，但不止一个活动窗口

D．屏幕上可以出现多个活动窗口

2．在文件资源管理器中，双击某个文件夹图标，将（　　）。

A．删除该文件夹　　B．显示该文件夹的内容

C．删除该文件夹中的文件　　D．复制该文件夹中的文件

3．（　　）决定了用户能够对该文件进行何种动作。

A．文件类型　　B．文件大小　　C．文件图标　　D．文件位置

4．下列关于“写字板”与“画图”工具的说法中，正确的是（　　）。

A．“写字板”是文字处理软件，不能进行图文处理

B．“画图”是绘图工具，不能输入文字

C．“写字板”和“画图”均可以进行文字和图形处理

D．以上说法都不对

5．在 Windows 10 中，（　　）不属于桌面上常见的图标。

A．此电脑　　B．回收站　　C．网络　　D．文件资源管理器

6．安装 Windows 10 时，如果硬盘容量未超过 2TB，系统磁盘分区最好为（　　）格式。

A．EXT2　　B．FAT32　　C．NTFS　　D．FAT

7．操作系统提供给程序员的接口是（　　）。

A．系统调用　　B．进程

C．系统库　　D．系统调用和系统库

8．为了更好地确定磁盘是否需要立即进行碎片整理，应当先（　　）。

A．备份磁盘　B．分析磁盘　C．清理磁盘　D．格式化磁盘

9. 为了表示某个文件的存放位置，经常将盘符、各级文件夹名称和文件名之间用（　　）隔开。

A．“、”　B．“/”　C．“\”　D．“：”

10．添加新字体的路径是（　　）。

A．c:\Windows\system32　B．c:\Program Files\fonts

C．c:\Windows\fonts　D．c:\Program Files\system32

11．在设置鼠标属性时，按（　　）可以显示鼠标指针的位置。

A．Enter 键　B．Ctrl 键　C．Alt 键　D．Shift 键

12．在 Windows 10 中，将打开的窗口拖至屏幕顶端，窗口会（　　）。

A．关闭　B．最大化　C．消失　D．最小化

13．在 Windows 10 中，显示桌面的组合键是（　　）。

A．Win+P　B．Win+Tab　C．Alt+Tab　D．Win+D

14．正确设置输入法热键的顺序是（　　）。

① 右击桌面上的“此电脑”图标，然后依次选择“属性”→“控制面板主页”→“时钟和区域”→“区域”选项。

② 单击“区域”对话框中的“语言首选项”超链接，在打开的“设置”对话框中选择左边的“语言”选项，在右边单击“拼写、输入和键盘设置”超链接。

③ 在打开的“更改按键顺序”对话框中，选中“启用按键顺序”复选框后，选择热键，单击“确定”按钮。

④ 在“更多键盘设置”对话框中单击“高级键盘设置”超链接。

⑤ 在“高级键盘设置”对话框中单击“语言栏选项”超链接，在打开的“文本服务和输入语言”对话框中，切换至“高级键设置”选项卡，在“输入语言的热键”区域中选择需要设置热键的输入法，单击“更改按键顺序”按钮。

A．①②④⑤③　B．①④②③⑤　C．①②④③⑤　D．①③②④⑤

15．在 Windows 10 中，改变窗口大小时，可将鼠标放在（　　），然后拖动鼠标。

A．窗口内的任意位置　B．窗口的滚动条上

C．窗口的四角或四边　D．窗口的标题栏上

16．在 Windows 10 的文件资源管理器中选定文件或文件夹后，若要将它们复制到同一驱动器的文件夹中，则可以（　　）。

A．按住 Alt 键不松手拖动鼠标　B．按住 Shift 键不松手拖动鼠标

C．直接拖动鼠标　D．按住 Ctrl 键不松手拖动鼠标

17．在“更改账户”窗口中不可进行的操作是（　　）。

A．创建新用户　B．创建密码　C．更改账户头像　D．更改账户名称

18．通配符指键盘上的（　　）。

A．句号和感叹号　B．冒号和双引号　C．星号和问号　D．逗号和顿号

19．ABC.*表示（　　）。

A．文件名为 ABC，具有两个字符扩展名的文件

B．文件名为 ABC，具有任意扩展名的文件

C．文件名为 ABC，具有一个字符扩展名的文件

D．文件名以 ABC 开头，具有任意扩展名的文件

20．下列选项中，可以被直接共享的是（　　）。

A．文件夹　B．Word 文档　C．文本文档　D．MP3 文件

21．下列选项中，（　　）不在 WinRAR 软件的工作界面中。

A．内容窗口、状态栏　B．任务栏

C．菜单栏、工具栏　D．地址栏

22．下列关于打开文件夹的方法中，错误的是（　　）。

A．单击要打开的文件夹，选择“文件”菜单中的“打开”选项

B．在要打开的文件夹上双击

C．在要打开的文件夹上连续两次右击

D．右击要打开的文件夹，在出现的快捷菜单中选择“打开”选项

23．Windows 10 提供了一个恢复被删除文件或文件夹的工具，该工具是（　　）。

A．计算机　B．网上邻居　C．我的文档　D．回收站

24．磁盘中的文件夹及子文件夹按（　　）组织，一个文件夹可以包括另一个文件夹，前者被称为父文件夹，后者被称为子文件夹。

A．倒树形结构　B．金字塔结构　C．树形结构　D．倒金字塔结构

25．若要选择一组连续的文件（文件夹），则下列方法中正确的是（　　）。

A．按 Shift+F8 组合键

B．按 Ctrl+A 组合键

C．按住 Ctrl 键不松手，单击各文件或文件夹

D．单击要选择的一组文件夹中的第一个文件或文件夹，再按住 Shift 键不松手，单击该组中的最后一个文件或文件夹

26．更改屏幕上的文本大小，文本大小的选项不包括（　　）。

A．较小　B．正常　C．中等　D．较大

27．选择某磁盘驱动器中的全部文件和文件夹时可以按（　　）。

A．Shift+F8 组合键　B．Shift+Ctrl 组合键

C．Ctrl+A 组合键　D．Shift+Alt 组合键

28．“录音机”工具可以用于播放、录制和编辑（　　）。

A．Flash 文件　B．声音文件　C．Word 文件　D．PPT 文件

29．（　　）的扩展名为.RA。

A．Real Audio　B．MPEG-3　C．CD Audio　D．MIDI

30．Windows 10 的“开始”菜单包括了操作系统提供的（　　）。

A．部分功能　B．初始功能　C．主要功能　D．全部功能

31．在 Windows 10 中，如果窗口表示一个应用程序，则打开该窗口的含义是（　　）。

A．显示该应用程序的内容　B．运行该应用程序

C．结束该应用程序　D．显示并运行该应用程序

32．Windows 10 中的“磁盘碎片整理程序”的主要作用是（　　）。

A．修复损坏的磁盘　　B．缩小磁盘空间

C．提高文件访问速度　　D．扩大磁盘空间

33．在 Windows 10 中，“回收站”的作用是（　　）。

A．回收并删除应用程序　　B．回收编制好的应用程序

C．回收将要删除的用户程序　　D．回收用户删除的文件或文件夹

34．在 Windows 10 中，当启动（运行）程序时，程序以窗口的方式显示，把运行程序的窗口最小化，表示（　　）。

A．结束该程序

B．暂时中断该程序，但随时可以由用户加以恢复

C．该程序转入后台继续工作

D．中断该程序，而且用户不能加以恢复

35．在 Windows 10 的文件资源管理器中，查找文件的操作是通过（　　）实现的。

A．“搜索”框　　B．“搜索”菜单　　C．“搜索”命令　　D．“搜索”按钮

36．下列关于启动应用程序的方法中，不正确的是（　　）。

A．在“开始”菜单中选择相应的应用程序

B．使用“开始”菜单中的“运行”命令

C．在文件夹窗口中双击相应的应用程序图标

D．右击相应的图标

37．控制面板的作用是（　　）。

A．控制所有程序的执行　　B．对系统进行有关的设置

C．设置“开始”菜单　　D．设置硬件接口

38．剪贴板的作用是（　　）。

A．临时存放应用程序剪切或复制的信息

B．作为资源管理器管理的工作区

C．作为开发程序的信息标志

D．在使用 DOS 时，作为系统划分的临时区域

39．一个文件的扩展名通常表示（　　）。

A．文件的大小　　B．文件的版本　　C．文件的类型　　D．文件的属性

40．Windows 10 中的文件名最长可达（　　）个字符。

A．255　　B．254　　C．256　　D．8

41．在 Windows 10 中，允许用户在计算机系统中配置的打印机（　　）。

A．只能是一台任意型号的打印机

B．可以是多台打印机

C．只能是一台激光打印机或一台喷墨打印机

D．是一台针式打印机

42．在 Windows 10 中，要将当前的活动窗口复制到剪贴板中应该按（　　）。

A．Ctrl+C 组合键　　B．Alt+PrintScreen 组合键

C．PrintScreen 键　　D．Ctrl+PrintScreen 组合键

43．在 Windows 10 中，要将屏幕所显示的整个画面复制到剪贴板中应该按（　　）。

A．PrintScreen 键　　B．Ctrl+C 组合键
C．Alt+F4 组合键　　D．Alt+PrintScreen 组合键

44．下列关于快捷方式的说法中，错误的是（　　）。
A．快捷方式改变了程序或文档在磁盘上的存放位置
B．快捷方式提供了对常用程序或文档的访问捷径
C．快捷方式图标的左下角有一个小箭头
D．删除快捷方式不会对程序或文档产生影响

45．在 Windows 10 的文件资源管理器中选定文件或文件夹后，如果想把它们移动到不同驱动器的文件夹中，则操作为（　　）。
A．按住 Ctrl 键不松手并拖动鼠标　　B．按住 Shift 键不松手并拖动鼠标
C．直接拖动鼠标　　D．按住 Alt 键不松手并拖动鼠标

46．在 Windows 10 中，当对文件或文件夹进行了误操作后，可以利用快捷方式（　　）组合键，取消原来的操作。
A．Ctrl+C　　B．Ctrl+V　　C．Ctrl+A　　D．Ctrl+Z

47．操作系统是（　　）。
A．用户与系统软件的接口　　B．用户与计算机的接口
C．用户与应用软件的接口　　D．主机与外设的接口

48．在 Windows 10 中，可以查看系统性能状态和硬件设置的方法是（　　）。
A．打开“文件资源管理器”
B．在桌面上双击“此电脑”图标
C．在“控制面板”中选择“系统和安全”→“系统”选项
D．在“控制面板”中选择“硬件和声音”→“显示”选项

49．在 Windows 10 中，通过“写字板”程序生成的文件，其默认的扩展名是（　　）。
A．.txt　　B．.rtf　　C．.wri　　D．.bmp

50．下列文件中，（　　）是可执行文件。
A．student.pdf　　B．name.txt　　C．run.dat　　D．files9.exe

51．在 Windows 10 中，修改文档后，既要保存修改后的内容，又不能改变原文档的内容，此时可以使用“文件”菜单中的“（　　）”选项。
A．新建　　B．保存　　C．另存为　　D．打开

52．在“文件资源管理器”窗口中对文件、文件夹进行移动操作，当选择了操作对象后，应先在工具栏中单击“（　　）”按钮，然后选择目标文件夹，最后单击工具栏中的“粘贴”按钮。
A．剪切　　B．复制　　C．粘贴　　D．打开

53．在 Windows 10 中，通常情况下，单击对话框中的“确定”按钮与按（　　）键的作用是一样的。
A．Esc　　B．Enter　　C．F1　　D．F2

54．为了获取 Windows 10 的帮助信息，可以在需要帮助的时候按（　　）键。
A．F1　　B．F2　　C．F3　　D．F4

55．在 Windows 10 中，鼠标左键和右键的功能（　　）。

A．固定不变
B．通过对“控制面板”的操作来改变
C．通过对“文件资源管理器”的操作来改变
D．通过对“附件”的操作来改变

56．在 Windows 10 中，下列关于改变“日期和时间”的说法中，正确的是（　　）。
A．可以在“控制面板”的“系统”选项中进行设置
B．只能在“控制面板”的“日期和时间”选项中进行设置
C．只能双击“任务栏”右侧的数字时钟进行设置
D．不止一种修改方法

57．Windows 10“系统工具”中的“磁盘清理”应用程序，主要具有（　　）功能。
A．增加硬盘的存储空间　　B．备份文件
C．修复已损坏的存储区域　　D．加快程序的运行速度

58．为了正常退出 Windows 10，用户的正确操作是（　　）。
A．关闭计算机的电源
B．执行“开始”→“关机”菜单命令
C．在没有任何程序执行的情况下关闭计算机的电源
D．按 Alt+Ctrl+Delete 组合键

59．启动 Windows 10，屏幕所显示的整个区域被称为（　　）。
A．窗口　　B．图标　　C．桌面　　D．资源管理器

60．鼠标是计算机的一种重要的（　　）工具。
A．画图　　B．指示　　C．输入　　D．输出

61．对文件的确切定义是（　　）。
A．记录在磁盘上的一组相关命令的集合
B．记录在磁盘上的一组相关程序的集合
C．记录在磁盘上的一组相关数据的集合
D．记录在磁盘上的一组相关信息的集合

62．在 Windows 中，用“记事本”应用程序保存的文件，其默认的文件扩展名是（　　）。
A．docx　　B．txt　　C．bmp　　D．rtf

63．在 Windows 10 中，鼠标是重要的输入工具，而键盘（　　）。
A．配合鼠标起辅助作用（如输入字符）
B．无法起作用
C．仅能用于菜单操作，不能用于窗口操作
D．也能完成几乎所有的操作

64．在 Windows 10 中，按（　　）组合键可以打开窗口的控制菜单。
A．Alt+ Space　　B．Ctrl+ Space　　C．Shift+Space　　D．Ctrl+V

65．登录 Windows 10 后，首先看到的屏幕内容为（　　）。
A．窗口　　B．桌面　　C．图标　　D．菜单

66．单击“桌面”左下角的“开始”按钮，将（　　）。
A．打开文件资源管理器

B．执行一个程序，程序名称在弹出的对话框中指定

C．弹出“开始”菜单

D．打开一个窗口

67．在 Windows 10 中，用键盘打开“开始”菜单，需要（ ）。

A．同时按 Ctrl 键和 Esc 键　　B．同时按 Ctrl 键和 Z 键

C．同时按 Ctrl 键和空格键　　D．同时按 Ctrl 键和 Shift 键

68．在 Windows 10 中，不能执行一个应用程序的操作是（ ）。

A．单击“任务栏”中的图标按钮

B．选择“开始”菜单中的“程序”选项，然后在其子菜单中单击指定的应用程序

C．选择“开始”菜单中的“运行”选项，在弹出的对话框中选择相应的可执行程序文件（包括路径），然后单击“确定”按钮

D．打开“文件资源管理器”窗口，在其中找到相应的可执行程序文件，双击文件名左边的小图标。

69．在选定文件或文件夹后，下列操作中，（ ）不能修改文件或文件夹的名称。

A．单击工具栏中“重命名”按钮

B．按 F2 键，输入新文件名，再按 Enter 键

C．右击所选的文件或文件夹，在弹出的快捷菜单中选择“重命名”选项，输入新文件名再按 Enter 键

D．单击文件或文件夹的图标，输入新文件名再按 Enter 键

70．在 Windows 10 中，剪贴板是（ ）。

A．硬盘上的一块区域　　B．软盘上的一块区域

C．内存中的一块区域　　D．高速缓存中的一块区域

71．下列关于“回收站”的说法中，不正确的是（ ）。

A．“回收站”实际上是用来存放被用户删除的文件的位置，这些文件在需要的时候还可以恢复

B．在删除文件的同时按住 Shift 键不松手，则被删除的文件不会被保存在“回收站”里，但是这些文件是可以恢复的

C．“回收站”的图标根据“回收站”里是否有被删除文件而有所不同

D．“回收站”的容量最大值是可以由用户自己指定的

72．在某个文档窗口中已进行了多次剪切操作，关闭该文档窗口后，剪贴板中的内容为（ ）。

A．第一次剪切的内容　　B．最后一次剪切的内容

C．所有剪切的内容　　D．空白

73．在 Windows 10 中，下列关于“库”的说法中，正确的是（ ）。

A．库的功能是存放一些图片、文档、音乐、视频文件

B．库像一个容器，只是为了存放各种类型文件

C．库像图书馆的索引，将文档的位置、元数据等信息汇集到库中，让用户轻松实现资料的管理

D．库是一个数据文件，方便用户打开并查看

74．下列文件格式中，用于表示图像文件的是（　　）。

A．*.docx　　B．*.xlsx　　C．*.bmp　　D．*.txt

75．使用 Windows 10 的“录音机”应用程序录制的声音文件的扩展名是（　　）。

A．xls　　B．wav　　C．bmp　　D．docx

76．Windows 10 所包含的汉字库文件是用来解决（　　）问题的。

A．使用者输入的汉字在计算机内的储存

B．输入时的键盘编码

C．汉字识别

D．输入时转换为显示或打印字模

77．下面关于 Windows 10 的文件名的说法中，错误的是（　　）。

A．文件名中允许有汉字

B．文件名中允许使用空格

C．文件名中允许使用多个圆点分隔符

D．文件名中允许使用竖线（“｜”）

78．下列关于 Windows 10 的文件或文件夹的属性的说法中，不正确的是（　　）。

A．所有文件或文件夹都有自己的属性

B．文件存入磁盘后，属性不可以再改变

C．用户可以重新设置文件或文件夹的属性

D．对文件而言，除属性外，还允许索引此文件的内容

79．我国的《计算机软件保护条例》规定，软件著作权自（　　）之日起，保护期为 50 年。

A．开发完成　　B．注册登记　　C．公开发表　　D．评审通过

80．Windows 10 是一个（　　）。

A．单用户多任务操作系统　　B．单用户单任务操作系统

C．多用户多任务操作系统　　D．多用户单任务操作系统

81．在 Windows 10 中，一个文件夹可能包含（　　）。

A．文件　　B．文件夹　　C．快捷方式　　D．以上三种都可以

82．在 Windows 10 中，即插即用指（　　）。

A．在设备测试过程中帮助安装和配置设备

B．使操作系统更容易使用、配置和管理

C．系统状态动态改变后以事件的方式通知其他系统组件和应用程序

D．以上都对

83．退出 Windows 10 时，直接关闭计算机电源可能产生的后果是（　　）。

A．可能破坏尚未存盘的文件　　B．可能破坏临时设置

C．可能破坏某些程序的数据　　D．以上都对

84．在 Windows 10 中，任务栏的作用是（　　）。

A．显示系统的所有功能　　B．只显示当前活动窗口

C．只显示正在后台工作的窗口名　　D．实现窗口之间的切换

85．下列说法中，正确的是（　　）。

A．Windows 10 已经内置了五笔字型输入法

B．在 Windows 10 中，不能使用五笔字型输入法

C．Windows 10 提供了汉字输入法接口，可以添加五笔字型输入法

D．Windows 10 没有提供汉字输入法接口

86．在 Windows 10 中，欲打开其他计算机共享的文档时，在地址栏中输入地址的完整格式是（　　）。

A．/计算机名/路径名/文档名　　B．文档名/路径名/计算机名

C．/计算机名/路径名 文档名　　D．/计算机名 路径名 文档名

87．在 Windows 10 中，桌面指（　　）。

A．计算机台　　B．活动窗口

C．“文件资源管理器”窗口　　D．窗口、图标、对话框所在的界面

88．在 Windows 10 中，有些文件的内容比较多，即使窗口最大化也无法在屏幕上完全显示，此时可利用窗口的（　　）阅读文件内容。

A．窗口边框　　B．控制菜单　　C．滚动条　　D．“最大化”按钮

89．Windows 10 自带的网页浏览器是（　　）。

A．IE　　B．Chrome　　C．Edge　　D．Safari

90．下列关于 Windows 10 的说法中，正确的是（　　）。

A．回收站与剪贴板一样，是内存中的一块区域

B．只能对当前活动窗口进行移动、修改大小等操作

C．一旦屏幕保护开始，则原来屏幕上的活动窗口就被关闭了

D．桌面上的图标不能按用户的意愿重新排列

91．下列关于 Windows 10 的说法中，正确的是（　　）。

A．用户为应用程序创建了快捷方式时，就是为应用程序增加一个备份

B．关闭一个窗口就是将该窗口正在运行的程序转入后台运行

C．桌面上的图标完全可以按用户的意愿重新排列

D．一个应用程序窗口只能显示一个文档窗口

92．根据文件命名规则，下列字符串中，属于合法文件名的是（　　）。

A．ADC*.fnt　　B．#ASK%.sbc　　C．CON.bat　　D．SAQ/.txt

93．下列操作中，不属于鼠标操作方式的是（　　）。

A．单击　　B．右击　　C．双击　　D．按住 Alt 键拖放

94．如果一个文件的名字是“aa.bmp”，则该文件是（　　）。

A．位图文件　　B．可执行文件　　C．文本文件　　D．网页文件

95．下列图标中，代表网页文件的是（　　）。

A．　　B．　　C．　　D．

96．下列输入法中，属于 Windows 10 自带的输入法的是（　　）。

A．搜狗拼音输入法　　B．微软拼音输入法

C．QQ 拼音输入法　　D．陈桥五笔输入法

97．各种中文输入法切换的键盘命令是（　　）。

A．Ctrl+Shift　　B．Ctrl+Space　　C．Shift+Space　　D．Shift+Alt

98．半/全角字符切换的键盘命令是（　　）。

A．Ctrl+Shift　　B．Ctrl+Space　　C．Shift+Space　　D．Shift+Alt

99．中/英文输入状态切换的键盘命令是（　　）。

A．Ctrl+Shift　　B．Ctrl+Space　　C．Shift+Space　　D．Shift+Alt

100．在 Windows 10 中，使用“画图”应用程序保存文件时，该文件默认的扩展名为（　　）。

A．png　　B．bmp　　C．gif　　D．jpeg

二、多项选择题

1．Windows 10 有四种类型的账户，其中的（　　）属于 Windows 10 创建的账户。

A．来宾账户　　B．标准账户　　C．管理员账户　　D．高级用户账户

2．在 Windows 中，下列关于打印机的说法中，不正确的是（　　）。

A．通过局域网连接的打印机被称为本地打印机

B．打印机可以共享

C．使用控制面板可以安装打印机

D．一台计算机只能安装一种打印驱动程序

3．下列选项中，属于系统软件的是（　　）。

A．Windows　　B．DOS　　C．CAD　　D．Photoshop

4．安装 Windows 10 时，系统将实施的进程是（　　）。

A．马上更新　　B．检测安装硬件并完成最后的设置

C．搜索计算机的有关信息　　D．将 Windows 10 解压并复制到计算机中

5．DOS、Windows 对设备采用约定的文件名。下列名称中，（　　）属于设备文件名，它们不能作为文件夹名或文件主名。

A．SYS　　B．CON　　C．COM　　D．PRN

6．Windows 10 的新特点有（　　）。

A．恢复“开始”菜单　　B．设有虚拟桌面

C．分屏多窗口功能增强　　D．设有 Microsoft Edge 浏览器

7．在 Windows 10 中，可用 A??.*表示的文件有（　　）。

A．A12.doc　　B．AAA.txt　　C．A1.bak　　D．A123.prg

8．下列关于 Windows 10“附件”的说法中，正确的是（　　）。

A．“记事本”应用程序可以记录并保存图形

B．“画图”应用程序是绘图软件，不能输入汉字

C．在“写字板”应用程序中可以插入图形

D．“截图工具”应用程序使用便捷，功能强大

9．下列关于 Windows 10 文件名的说法中，正确的是（　　）。

A．文件名中允许使用汉字　　B．文件名中允许使用多个圆点分隔符

C．文件名中允许使用空格　　D．文件名中允许使用竖线“｜”

10．磁盘的格式化操作具有（　　）等功能。

A．划分磁道、扇区　　B．设定 Windows 版本号
C．复制 Office 软件　　D．建立目录区

11．Windows 10 仍然保留着“库”，下列选项中，属于默认库的有（　　）。
A．文档　　B．音乐　　C．图片　　D．视频

12．下列网络位置中，属于可以在 Windows 10 中进行设置的有（　　）。
A．家庭网络　　B．小区网络　　C．工作网络　　D．公用网络

13．在 Windows 10 中，个性化设置包括（　　）。
A．主题　　B．背景　　C．颜色　　D．字体

14．在 Windows 10 中，可以完成窗口切换的方法是（　　）。
A．按 Alt+Tab 组合键
B．按 Ctrl+Tab 组合键
C．单击要切换窗口的任意可见部位
D．单击任务栏上要切换的应用程序按钮

15．下列设置项目中，属于 Windows 10“控制面板”的有（　　）。
A．工作文件夹　　B．备份与还原
C．恢复　　D．网络和共享中心

16．在 Windows 10 中，窗口最大化的方法有（　　）。
A．单击“最大化”按钮　　B．单击“还原”按钮
C．双击窗口的任何位置　　D．拖曳窗口到屏幕顶端

三、判断题

1．磁盘碎片整理过程不会占用大量的资源，可以经常进行磁盘碎片整理。（　　）
2．用户不可以对 FAT32 文件系统进行驱动器压缩。（　　）
3．Windows 10“附件”中的系统工具提供了专用字符编辑程序。（　　）
4．在“磁盘属性”对话框的“常规”选项卡中能找到“磁盘清理”选项。（　　）
5．按 Ctrl+W 组合键可以关闭当前窗口。（　　）
6．操作系统是一种对所有硬件进行控制和管理的系统软件。（　　）
7．当设置鼠标属性时，在“方案”下拉列表中可以选择需要的方案，从而设置操作过程中鼠标指针的形状。（　　）
8．当设置鼠标属性时，按 Shift 键可以显示鼠标指针的位置。（　　）
9．选定一个文件夹，单击即可打开。（　　）
10．FAT 是文件分配表（File Allocation Table）的英文缩写。（　　）
11．文件的路径表示某个文件存放的位置。（　　）
12．星号（*）只能代替文件名中的一个字符。（　　）
13．按 Delete 键删除的文件会被放进“回收站”里，而“回收站”里的文件是不能被还原的。（　　）
14．要还原一个文件，用户可以直接将其从“回收站”里拖出。（　　）
15．要在新磁盘上安装操作系统，必须先对磁盘进行分区。（　　）

16．粘贴已剪切/复制的文件（夹）的组合键是 Ctrl+V。（ ）

17．要更改一个文件夹的图标，可执行以下操作：右击选定的文件夹，在弹出的快捷菜单中选择“属性”→“自定义”→“更改图标”选项。（ ）

18．按住 Ctrl 键不松手，同时单击要取消的文件，可以取消选定的文件。（ ）

19．???.com 表示文件名为三个字符，扩展名为 com 的文件。（ ）

20．在计算机中，可执行文件的扩展名主要有.exe 和.dll。（ ）

21．启动 Windows 10 的同时可以加载指定程序。（ ）

22．在 Windows 10 中，把文件放入“回收站”并不意味着文件一定从磁盘上被清除了。（ ）

23．对鼠标左键的操作只能是单击和双击两种。（ ）

24．Windows 10 是一个基于图形的多任务、多窗口的操作系统。（ ）

25．在 Windows 10 中，可以对鼠标左、右键的功能进行设置。（ ）

26．在 Windows 10 中，若要选择多个不连续的操作对象，则可以按住 Shift 键不松手，同时单击操作对象。（ ）

27．桌面上的每个快捷方式图标，均须对应一个应用程序才可运行。（ ）

28．在 Windows 10“文件资源管理器”窗口中，选定文件后利用工具栏中的“剪切”和“粘贴”按钮，可使文件改变位置。（ ）

29．在 Windows 10 中，“回收站”与剪贴板一样，是内存中的一块区域。（ ）

30．Windows 10“回收站”中的文件不占据磁盘空间。（ ）

31．Windows 10 和 DOS 一样，运行完毕后可直接关闭电源。（ ）

32．在桌面上可以为同一个 Windows 应用程序建立多个快捷方式。（ ）

33．在 Windows 10 中，后台程序指被前台程序完全覆盖了的程序。（ ）

34．对 Windows 10 的“开始”菜单不能进行自定义设置。（ ）

35．磁盘的根目录只有一个，用户可以自行定义。（ ）

36．在 Windows 10 中，使用 mp3 格式存储视频文件。（ ）

37．在 Windows 10 中，屏幕保护程序用于降低磁盘的功耗。（ ）

38．Windows 10 支持面向对象的程序设计。（ ）

39．在 Windows 10 中，打印机的安装和设置必须在安装 Windows 10 时一次完成。（ ）

40．在安装 Windows 10 的过程中，可以不创建 Windows 的启动盘。（ ）

41．在 Windows 10 中，文本文件只能用“记事本”应用程序打开，不能用 Word 打开。（ ）

42．从磁盘根目录到文件所在目录的路径，被称为相对路径。（ ）

43．在 Windows 10 工作的某一时刻，桌面上总有一个对象处于活动状态。（ ）

44．Windows 10 的桌面外观可以根据用户的爱好进行更改。（ ）

45．在 Windows 10 中，一个应用程序窗口被最小化后，该应用程序将被终止执行。（ ）

46．在 Windows 对等网上，所有打印机、CD-ROM 驱动器、硬盘驱动器、软盘驱动器都能共享。（ ）

47．Windows 10 的安装盘只有 CD-ROM 一种类型。 （ ）
48．Windows 10 本身不带有文字处理程序。 （ ）
49．剪贴板是 Windows 内置的工具，可以临时保存剪切和复制的信息。 （ ）
50．在 Windows 10 的各版本中，支持的功能都一样。 （ ）
51．在 Windows 10 中，默认库被删除后可以通过恢复默认库操作进行恢复。 （ ）
52．正版 Windows 10 不需要安装安全防护软件。 （ ）
53．任何一台计算机都可以安装 Windows 10。 （ ）
54．使用 Windows 10 的备份功能，可以将创建的系统镜像保存在磁盘中。 （ ）

学习情境二：实训操作测试

习题 1 文件和文件夹的操作

1．在 C 盘的根目录下新建“计算机基础练习”和“考生”两个文件夹，在“计算机基础练习”文件夹中新建“文字”“图片”“多媒体”三个子文件夹。

2．在 C 盘中查找 bmp 格式的图片文件，将其中的任意一张 bmp 格式的图片文件复制到“图片”文件夹中，并将此文件设置为只读文件。

3．在计算机中查找音乐文件，将其中的任意一个音乐文件复制到“多媒体”文件夹中，并将该文件重命名为“我的音乐”。

4．将计算机中所有以 T 开头的 Word 文件复制到“文字”文件夹中。在桌面上新建“文字”文件夹的快捷图标，将添加了快捷图标后的桌面以图片的形式保存到 C 盘的“考生”文件夹中，并将图片文件命名为“A1”。

5．在桌面上新建一个名为“Word 文档”的文件夹，在 C 盘中查找所有 docx 格式的文件，将它们复制到“Word 文档”文件夹中，并按“修改日期”排序方式排列桌面上的图标，将更改后的桌面以图片的形式保存到 C 盘的“考生”文件夹中，并将图片文件命名为“A2”。

6．将桌面上“Word 文档”文件夹的图标更改为“”，将更改图标后的桌面以图片的形式保存到 C 盘的“考生”文件夹中，并将图片文件命名为“A3”。

7．设置“回收站”：自定义 D 盘的“回收站”空间的最大容量为 5000MB，将设置后的对话框以图片的形式保存到“考生”文件夹中，并将图片文件命名为“A4”。再设置 E 盘中的文件在删除时不会被放入“回收站”中，而是被立即删除。将设置后的对话框以图片的形式保存到“考生”文件夹中，并将图片文件命名为“A5”。

8．在任务栏上添加“桌面”工具栏，并将任务栏置于桌面的右侧，将设置后的桌面以图片的形式保存到“考生”文件夹中，并将图片文件命名为“A6”。

9．搜索文件：搜索 E 盘中容量为 100KB～1MB 的文件，并将这些文件复制到“考生”文件夹中。

10．在 D 盘中建立一个如图 2-1 所示的文件夹树。

图 2-1

习题 2　附件的使用

1．在 D 盘中新建一个文件夹，并命名为“练习”。

2．为“附件”的“画图”应用程序创建快捷方式，并命名为“绘图”，将其放在桌面上；为“文件资源管理器”创建快捷方式，并将其放在桌面上；将更改后的桌面以图片的形式保存到 D 盘的“练习”文件夹中，并将图片文件命名为“B1”。

3．用“碎片整理和优化驱动器”应用程序对 C 盘进行整理，在进行磁盘整理前，先对磁盘进行分析，查看分析报告并将“优化驱动器”对话框以图片的形式保存到 D 盘的“练习”文件夹中，并将图片文件命名为“B2”。

4．打开“画图”应用程序，随意画一幅图，并将此图片作为桌面背景，将更改后的桌面以图片的形式保存到 D 盘的“练习”文件夹中，并将图片文件命名为“B3”。

5．用“记事本”应用程序新建一个名为“TEST”的文件，并在其中输入学生本人的专业名称、学号和姓名，将字体格式设置为“宋体”“10 磅”，保存“TEST”文件后，将该文件保存到 D 盘的“练习”文件夹中。

6．将 D 盘的“练习”文件夹压缩成名为“lianxi”的压缩文件，并将密码设置为“lianxi888”。

习题 3　控制面板的使用

1．在 D 盘中新建一个文件夹，并命名为“考试”。

2．设置以“3D 文字”为图案的屏幕保护程序，并且设置等待时间为 5min。将设置后的对话框以图片的形式保存到“考试”文件夹中，并将图片文件命名为“C1”。

3．查看系统中是否有“华文仿宋 常规”字体，如果没有，则请添加该字体，并将该字体文件复制到 D 盘的“考试”文件夹中。

4．隐藏 Windows 的任务栏，并关闭任务栏上显示的时钟，将更改后的桌面以图片的形式保存到 D 盘的“考试”文件夹中，并将图片文件命名为“C2”。

5．查看监视器的屏幕刷新频率，并将此对话框以图片的形式保存到 D 盘的“考试”文件夹中，并将图片文件命名为“C3”。

6．创建一个名为“student”的新账户，账户类型为“标准用户”，账户密码设置为“stud321”。

模块 3

Word 文档的制作及应用

学习情境一：标准化试题测试

一、单项选择题

1．下列文件中，属于“Word 文档”的是（　　）。

A．习题集.docx　　B．习题集.xlsx　　C．习题集.bmp　　D．习题集.exe

2．在 Word 的编辑状态下，可以利用“布局”选项卡的“（　　）”组设置每页的行数和每行的字符数。

A．页面设置　　B．段落　　C．页面背景　　D．排列

3．“全选”选项在“开始”选项卡的“（　　）”组中。

A．字体　　B．编辑　　C．剪贴板　　D．段落

4．在 Word 的“开始”选项卡中，单击“字体”组中的“U”按钮可以给选定的对象添加（　　）效果。

A．斜体　　B．粗体　　C．下画线单线　　D．下画波浪线

5．在 Word 中，可以选择图片格式中的（　　）版式使图片作为文字的背景。

A．四周环绕　　B．紧密型　　C．衬于文字下方　　D．浮于文字上方

6．在 Word 中，向左拖动水平标尺左侧上面的倒三角按钮可以设定（　　）。

A．首行缩进　　B．左边缩进　　C．右缩进　　D．首行及左边缩进

7．在 Word 中，单击垂直滚动条的▲按钮，可以使屏幕（　　）。

A．上滚一行　　B．下滚一行　　C．上滚一屏　　D．下滚一屏

8．在 Word 中，“插入脚注”功能在“（　　）”选项卡中。

A．文件　　B．插入　　C．开始　　D．引用

9．在 Word 的编辑状态下，若想插入页眉/页脚，相应的命令在“（　　）”选项卡中。

A．文件　　B．插入　　C．视图　　D．引用

10．编辑 Word 文档时，使用鼠标完成文字或图形的复制操作，应按住（　　）键不松手。

A．Ctrl　　B．Alt　　C．Shift　　D．F1

11．Word 的“文件”选项卡包含“保存”和“另存为”选项，对于已保存过的文件，下列说法中正确的是（　　）。

A．“保存”选项只能用原文件名存盘，“另存为”选项不能用原文件名存盘

B．“保存”选项不能用原文件名存盘，“另存为”选项只能用原文件名存盘

C．“保存”选项只能用原文件名存盘，“另存为”选项也能用原文件名存盘

D．“保存”选项和“另存为”选项都能用任意文件名存盘

12．在 Word 中，选择“（　　）”选项卡中的“书签”选项可以在文档中建立书签。

A．开始　　B．插入　　C．页面设置　　D．引用

13．在 Word 中修改文档时，要在输入新文字的同时替换部分原有文字，最简便的操作是（　　）。

A．选定需要替换的文字，再输入新文字

B．直接输入新文字

C．先按 Delete 键删除需要替换的文字，再输入新文字

D．建立一个新文档

14．在 Word 中插入特殊符号，可以单击“（　　）”选项卡的“符号”按钮。

A．开始　　B．插入　　C．引用　　D．审阅

15．在 Word 中，执行一次“拆分表格”命令的作用是将一个表格拆分成（　　）。

A．上、下两个单独的表格　　B．左、右两个单独的表格

C．多个表格　　D．多个单元格

16．在 Word 的编辑状态下，依次打开 D1.docx、D2.docx、D3.docx、D4.docx 四个文档，则当前的活动窗口是（　　）。

A．D1.docx 的窗口　　B．D2.docx 的窗口

C．D3.docx 的窗口　　D．D4.docx 的窗口

17．在 Word 的编辑状态下，选定文本后，单击“开始”选项卡的“剪贴板”组中的“复制”按钮，则（　　）。

A．被选定的文本被复制到光标所在的位置

B．被选择的文本被复制到剪贴板中

C．光标所在的段落被复制到光标所在的位置

D．光标所在的段落被复制到剪贴板中

18．在 Word 中，若只给所选段落的左边添加边框，则单击“开始”选项卡的“段落”组中的“下框线”按钮右侧的倒三角按钮，在展开的下拉列表中选择“（　　）”选项。

A．上框线　　B．左框线　　C．内部框线　　D．外部框线

19．在 Word 文档中，每个段落都有自己的段落标记，段落标记的位置在（　　）。

A．段落的首部　　B．段落的结尾部

C．段落的中间位置　　D．段落中，但用户找不到位置

20．在 Word 文档的每个页面中都要出现的内容应当放在（　　）内。

A．页眉与页脚　　B．文本框　　C．正文　　D．脚注

21．编辑 Word 文档时，若想把文档中的“计算机”一词都删除，最简单的方法是单击“开始”选项卡的“编辑”组中的“（　　）”按钮。

A．清除　　B．撤销　　C．剪切　　D．替换

22．在 Word 的编辑状态下设置了标尺，可以同时显示水平标尺和垂直标尺的视图是（　　）。

A．页面视图　　B．阅读版式视图　　C．大纲视图　　D．Web 版式视图

23．在 Word 的编辑状态下，若将光标直接定位到当前行的末尾，则应按（　　）。

A．Home 键　　B．Shift＋Ctrl 组合键

C．End 键　　D．Ctrl＋End 组合键

24．选取图片是通过（　　）进行的。

A．双击　　B．单击　　C．右击　　D．按 Ctrl＋S 组合键

25．在 Word 的编辑状态下，进行字体设置后，按新的字体格式显示的文字是（　　）。

A．光标所在段落的文字　　B．文档中被选定的文字

C．光标所在行的文字　　D．文档的全部文字

26．下列关于 Word 分栏功能的说法中，正确的是（　　）。

A．最多可分三栏　　B．各栏的宽度必须相同

C．各栏的宽度可以不相同　　D．各栏之间的间距是固定的

27．在 Word 中，可以通过（　　）提高经常使用的几个组合命令或操作组合的使用效率。

A．组合键　　B．快捷菜单　　C．宏　　D．功能组中的按钮

28．第一次保存 Word 文档时，系统将打开“（　　）”对话框

A．保存　　B．另存为　　C．新建　　D．关闭

29．在 Word 中，可以执行（　　）菜单命令插入数学公式。

A．“开始”→“样式”　　B．“插入”→“符号”

C．“视图”→“显示”　　D．“加载项”→“特殊符号”

30．在 Word 中，使用“开始”选项卡的“剪贴板”组中的“格式刷”按钮复制文本或段落的格式，若要将选定的文本或段落格式重复应用多次，应（　　）。

A．单击“格式刷”按钮　　B．双击“格式刷”按钮

C．右击“格式刷”按钮　　D．拖动“格式刷”按钮

31．在 Word 中无法进行的操作是（　　）。

A．在页眉中插入分隔符　　B．在页眉中插入联机图片

C．建立奇偶页内容不同的页眉　　D．在页眉中插入日期

32．Word 是微软公司推出的 Office 系列办公软件之一，中文意思是“单词”，它是目前世界上比较流行的（　　）软件。

A．文字编辑　　B．数据处理　　C．制图　　D．报表处理

33．选定多个图形的正确操作是（　　）。

A．用鼠标依次单击多个图形

B．在按住 Ctrl 键不松手，依次单击多个图形

C．在按住 Shift 键不松手，依次单击多个图形

D．先单击第一个图形，再按住 Shift 键不松手，单击最后一个图形

34．下列文档格式中，不属于字符格式的是（　　）。

A．字间距　　B．行间距　　C．字符底纹　　D．文本效果

35．在 Word 中，按 Ctrl＋V 组合键的功能是（　　）。

A．复制　　B．粘贴　　C．剪切　　D．全选

36．在 Word 中，要把所有段落的第一行向右移动两个字符的位置，正确的操作是（　　）。

A．单击“开始”选项卡的“字体”组中的按钮

B．拖动标尺上的“缩进”游标

C．单击“开始”选项卡的“段落”组中的按钮

D．以上都不是

37．在单元格中输入文字，当内容超过单元格的宽度时，则（　　）。

A．超出的内容会自动隐藏起来，增加单元格的宽度时会自动显示

B．超出的内容不能显示

C．超出的内容会自动换行，行高会自动调整

D．出现错误提示

38．在 Word 的编辑状态下，要想为当前文档中的文字设定行间距，应当使用“开始”选项卡的“（　　）”组中的命令。

A．字体　　B．段落　　C．编辑　　D．样式

39．在 Word 中，查找和替换功能十分强大，不属于其功能的是（　　）。

A．查找和替换文本的格式　　B．查找和替换特殊的字符

C．查找某个指定图像　　D．用通配符进行复杂查找

40．一般情况下，在对话框内容选定之后都需要单击“（　　）”按钮，操作才会生效。

A．保存　　B．确定　　C．帮助　　D．取消

41．若在 Word 中，选定全表后按 Delete 键，则结果是（　　）。

A．全表将被删除　　B．只删除表格中的内容，表格被保留

C．出现错误提示　　D．只删除表格，内容被保留

42．要给 Word 文档添加边框和底纹可以通过“（　　）”选项卡完成。

A．插入　　B．开始　　C．页面布局　　D．视图

43．在 Word 中输入文本时，为了防止因意外断电、程序崩溃等因素而导致的文本丢失现象，可以使用 Word 的自动保存功能，欲使自动保存的时间间隔为 10 分钟，应（　　）。

A．执行“文件”→“保存”菜单命令

B．执行“文件”→“另存为”菜单命令

C．执行“文件”→“选项”→“保存”菜单命令

D．按 Ctrl+S 组合键并按 Enter 键

44．为了使选定的文本以标尺栏的右缩进按钮为准进行对齐，可以单击“开始”选项卡的“段落”组中的“（　　）”按钮。

A．两端对齐　　B．居中　　C．左对齐　　D．右对齐

45．对于 Word 中的表格，如果合并两个单元格，则原有的两个单元格的内容将（　　）。

A．不合并　　B．完全合并　　C．部分合并　　D．有条件地合并

46．当把 Word 文档转换成纯文本文件时，可以使用“（　　）”命令。

A．新建　　B．保存　　C．全部保存　　D．另存为

47．下列说法中，不正确的是（　　）。

A．对齐文本时必须使用空格键　　B．标尺是一个可选择的栏目

C．为了排版方便，一个段落结束后应按 Enter 键

D．Word 属于应用软件

48．对插入 Word 文档中的图片不能进行（　　）操作。

A．放大或缩小　　B．移动

C．修改图片中的图形　　D．剪裁

49．在表格排序中，不存在的方式为（　　）。

A．笔画　　B．拼音　　C．部首　　D．数字

50．在表格中，若“A1=2, A2=4, B1=6, B2=8”，则使用公式“=AVERAGE(A1, B2)”计算的结果是（　　）。

A．20　　B．5　　C．10　　D．6

二、判断题

1．在 Word 中，按 Alt+Space 组合键可以将输入法从中文输入状态切换到英文输入状态。（　　）

2．在 Word 编辑状态下，闪烁的垂直条表示光标。（　　）

3．在 Word 中，“加粗”按钮的图标是字母“B”。（　　）

4．段落标记是在按 Enter 键后产生的。（　　）

5．第一次保存文件时会弹出“保存”对话框。（　　）

6．Word 中的段落标记在段落中无法看到。（　　）

7．在 Word 中，默认的对齐方式是左对齐。（　　）

8．在 Word 中，在阅读视图下能显示页眉和页脚。（　　）

9．复制选定的文本时，可以在目标位置按住 Ctrl+Shift 组合键不松手并右击。（　　）

10．删除一行文字时，可以将光标置于行首，按 Delete 键。（　　）

11．在 Word 中，按 Ctrl+S 组合键可以执行保存操作。（　　）

12．Word 中的“撤销”命令只能撤销最近一次进行的操作。（　　）

13．在 Word 编辑区中，光标是闪烁的横线。（　　）

14．在 Word 窗口中，“页码”按钮位于“插入”选项卡中。（　　）

15．在 Word 中，按 Ctrl+V 组合键与单击功能区的“复制”按钮的功能相同。（　　）

16．“首行缩进”格式可以在字体设置中完成。（　　）

17．在 Word 中，编辑表格时，只能在表格内输入文字，不能插入图片。（　　）

18．打开 Word 文档，其本质是把文档内容从内存中读取并显示出来。（　　）

19．在 Word 中，设置打印纸大小，应选择“文件”选项卡的“打印预览”选项。（　　）

20．在 Word 中，一个非 Word 格式的标准文件经过转换后可以使用。（　　）

21．在 Word 中，要选定某句子时，应双击该句子中的文本。（　　）

22．插入艺术字时，可以单击“插入”选项卡的“艺术字”按钮。 （　　）
23．在 Word 中，可以同时打开多个文档，当前活动的文档只能有一个。 （　　）
24．在 Word 中，剪切掉的内容不能再恢复了。 （　　）
25．在 Word 中，单击对话框启动按钮  会弹出一个对话框。 （　　）
26．在 Word 中，进行打印预览时，可同时观看多页。 （　　）
27．不能直接在 DOS 环境下运行 Word。 （　　）
28．在 Word 窗口中，标题栏最右边的按钮是“还原”按钮。 （　　）
29．设置段落的行距时，最小的行距是“单倍行距”。 （　　）
30．使用 Word 时，可以在编辑一个文档的同时打印另外一个文档。 （　　）

学习情境二：实训操作测试

习题 1　计算机网络发展前景

操作要求：相关素材在“教学资源库\习题册\模块 3\01”文件夹中。

1．在 D 盘中新建名为“计算机网络发展前景”的 Word 文档。

2．在新建的文档中输入如下内容。

计算机网络发展前景

计算机网络就是计算机之间通过连接介质（如网络线、光纤等）连接起来，按照网络协议进行数据通信，实现资源共享的一种组织形式。计算机网络于 20 世纪 60 年代起源于美国，原本用于军事通信，后逐渐进入民用领域，经过 60 多年的不断发展和完善，现已广泛应用于各个领域，并正在高速向前迈进。在不久的将来，我们将看到一个充满虚拟现实技术的新时代。在这个时代，人们的工作和生活方式都会极大地改变，那时我们将进行虚拟旅行，读虚拟大学，在虚拟办公室里工作，进行虚拟的驾车测试等。

计算机网络发展的前景主要表现在如下四个方面。

（1）全球 Internet 装置之间的通信量将超过人与人之间的通信量。

（2）带宽的成本将变得非常低廉，甚至可以忽略不计。

（3）在不久的未来，无线网络将更加普及，其中 cnet（短距无线网络）的前景看俏。

（4）在计算机网络飞速发展的同时，安全问题不容忽视。

在理论上，网络安全是建立在密码学及网络安全协议的基础上的。密码学是网络安全的核心，利用密码技术对信息进行加密传输、加密存储、数据完整性鉴别、用户身份鉴别等，比传统意义上简单的存取控制和授权等技术更可靠。

3．标题使用艺术字，设置字体格式为“40 磅”“粗体”“居中对齐”，文本填充为“浅色渐变-个性色 6”，设置阴影效果为“左上对角透视阴影”。

4．各段落设置“首行缩进”，缩进值为“2 字符”。

5．第一段分为三栏，加分隔线。

6．将第二段文本的字体格式设置为“绿色”“黑体”“小三号”“加粗”“倾斜”。

7．给“四个方面”相关的内容添加红色双边框，浅绿色底纹（图案“样式”设置为“10%”），并设置字体格式为“宋体”“小四号”。

8．将最后一段文本的段前间距设置为“1.5 行”，行距设置为“1.5 倍行距”。

本题的最终效果如图 3-1 所示。

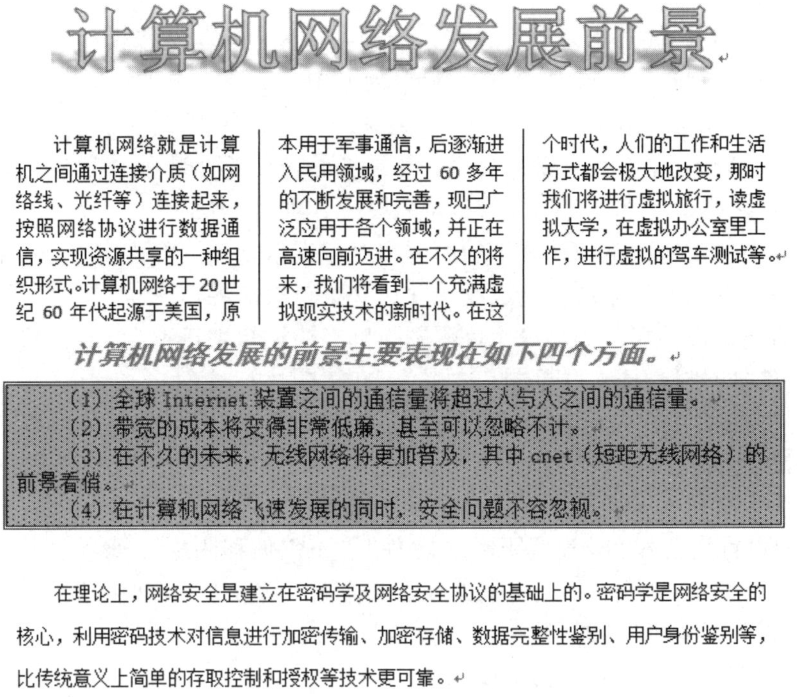

计算机网络发展前景

计算机网络就是计算机之间通过连接介质（如网络线、光纤等）连接起来，按照网络协议进行数据通信，实现资源共享的一种组织形式。计算机网络于 20 世纪 60 年代起源于美国，原本用于军事通信，后逐渐进入民用领域，经过 60 多年的不断发展和完善，现已广泛应用于各个领域，并正在高速向前迈进。在不久的将来，我们将看到一个充满虚拟现实技术的新时代。在这个时代，人们的工作和生活方式都会极大地改变，那时我们将进行虚拟旅行，读虚拟大学，在虚拟办公室里工作，进行虚拟的驾车测试等。

计算机网络发展的前景主要表现在如下四个方面。

（1）全球 Internet 装置之间的通信量将超过人与人之间的通信量。

（2）带宽的成本将变得非常低廉，甚至可以忽略不计。

（3）在不久的未来，无线网络将更加普及，其中 cnet（短距无线网络）的前景看俏。

（4）在计算机网络飞速发展的同时，安全问题不容忽视。

在理论上，网络安全是建立在密码学及网络安全协议的基础上的。密码学是网络安全的核心，利用密码技术对信息进行加密传输、加密存储、数据完整性鉴别、用户身份鉴别等，比传统意义上简单的存取控制和授权等技术更可靠。

图 3-1

习题 2　解读 Word 2016 新功能

操作要求：相关素材在“教学资源库\习题册\模块 3\02”文件夹中。

1．新建名为“解读 Word 2016 新功能”的文档。保存在“D:\Word”文件夹中。

2．在新建的文档中输入如下内容。

解读 Word 2016 新功能

相比 Word 2013，Word 2016 增加了许多新功能，下面详细介绍。

协同工作功能

Word 2016 新增了协同工作的功能，只要通过共享功能选项发出邀请，就可以让其他使用者一同编辑文件，而且每个使用者编辑过的地方，也会出现提示，让所有人都可以看到哪些段落被编辑过。对于需要合作编辑的文档，这项功能非常方便。

云模块与 Office 融为一体

Office 2016 的云模块已经很好地与 Office 融为一体。用户可以指定云作为默认存储路径，也可以继续使用本地硬盘储存。值得注意的是，因为“云”同时也是 Windows 10 的主要功能之一，所以 Word 2016 实际上是为用户打造了一个开放的文档处理平台，通过手机、iPad 或其他客户端，用户即可随时存取刚刚存放到云端上的文件。

插入菜单增加了“应用程序”标签

插入菜单增加了一个“应用程序”标签，里面包含“应用商店”“我的应用”两个按钮。

这里主要是微软和第三方开发者开发的一些 App，类似于浏览器扩展，主要为 Office 提供一些扩充性功能。比如用户可以下载一款检查器，帮助检查文档的断字或语法问题等。

搜索框功能

打开 Word 2016，在界面右上方，可以看到一个搜索框，在搜索框中输入想要搜索的内容，搜索框会显示相关命令，这些都是标准的 Office 命令，直接单击命令选项即可执行该命令。对于使用 Word 2016 不熟练的用户来说，将会方便很多。例如，在搜索框中输入“段落”可以显示 Word 中有关段落的命令，如果要进行段落设置则单击“段落设置”选项，这时会弹出“段落”对话框，可以对段落进行设置，非常方便。

3．把文本中的“协同工作功能”的内容与“搜索框功能”的内容交换位置。

4．为“搜索框功能”添加黄色底纹，并将文字分散对齐。

5．为“协同工作功能”添加深蓝色阴影方框（边框粗细设置为“1.5 磅”），字体格式设置为“楷体”“四号”，插入联机图片“书”，并将图片右对齐。

6．把正文中的所有“Word 2016”替换为“字处理 Word”，并将替换后的文字设置为“小三号”“紫色”。

7．为最后一段文本添加茶色底纹，图案“样式”设置为“20%”。

8．将标题设置为艺术字，设置阴影效果为“右下斜偏移阴影”，形状调整为“上弯弧”。

9．设置页眉为“首页不同”。在本页页眉中输入“解读 Word 2016 新功能”，并将页眉的字体格式设置为“蓝色”“加粗”。

10．将文档的页面颜色设置为橄榄色。

本题的最终效果如图 3-2 所示。

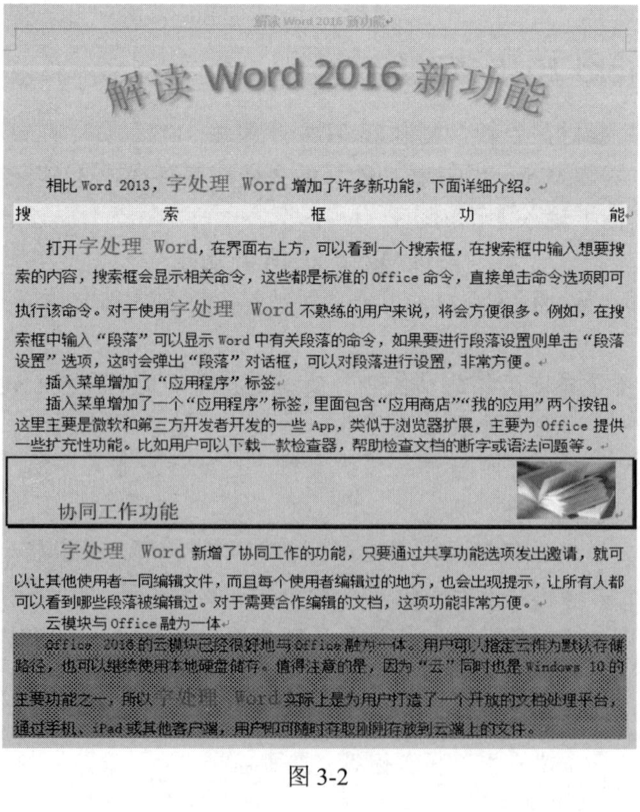
解读 Word 2016 新功能

解读 Word 2016 新功能

相比 Word 2013，字处理 Word 增加了许多新功能，下面详细介绍。

搜　索　框　功　能

打开字处理 Word，在界面右上方，可以看到一个搜索框，在搜索框中输入想要搜索的内容，搜索框会显示相关命令，这些都是标准的 Office 命令，直接单击命令选项即可执行该命令。对于使用字处理 Word 不熟练的用户来说，将会方便很多。例如，在搜索框中输入“段落”可以显示 Word 中有关段落的命令，如果要进行段落设置则单击“段落设置”选项，这时会弹出“段落”对话框，可以对段落进行设置，非常方便。

插入菜单增加了“应用程序”标签

插入菜单增加了一个“应用程序”标签，里面包含“应用商店”“我的应用”两个按钮。这里主要是微软和第三方开发者开发的一些 App，类似于浏览器扩展，主要为 Office 提供一些扩充性功能。比如用户可以下载一款检查器，帮助检查文档的断字或语法问题等。

协同工作功能

字处理 Word 新增了协同工作的功能，只要通过共享功能选项发出邀请，就可以让其他使用者一同编辑文件，而且每个使用者编辑过的地方，也会出现提示，让所有人都可以看到哪些段落被编辑过。对于需要合作编辑的文档，这项功能非常方便。

云模块与 Office 融为一体

Office 2016 的云模块已经很好地与 Office 融为一体。用户可以指定云作为默认存储路径，也可以继续使用本地硬盘储存。值得注意的是，因为“云”同时也是 Windows 10 的主要功能之一，所以字处理 Word 实际上是为用户打造了一个开放的文档处理平台，通过手机、iPad 或其他客户端，用户即可随时存取刚刚存放到云端上的文件。

图 3-2

习题 3 《再别康桥》赏析

操作要求：相关素材在“教学资源库\习题册\模块 3\03”文件夹中。

1．新建 Word 文档，并输入如下内容。

《再别康桥》是一首优美的抒情诗，宛如一曲优雅动听的轻音乐。1928 年秋，作者再次到英国访问，旧地重游，勃发了诗兴，将自己的生活体验化作缕缕情思，融汇在所抒写的康桥美丽的景色里，也驰骋在诗人的想象之中。

全诗以“轻轻的”“走”“来”“招手”“作别云彩”起笔，接着用虚实相间的手法，描绘了一幅幅流动的画面，构成了一处处美妙的意境，细致入微地将诗人对康桥的爱恋，对往昔生活的憧憬，对眼前的无可奈何的离愁，表现得真挚、浓郁、隽永。

《再别康桥》是徐志摩最有影响的作品之一。

这首诗意境优美，情感深挚含蓄，诗思精巧别致。

2．插入“星与旗帜”→“双波形”形状，将“形状填充”设置为粉红色，边框设置为“6 磅”“金黄色”，调整形状的大小，将高度设置为“4.13 厘米”，将宽度设置为“17.99 厘米”。

3．插入艺术字“《再别康桥》赏析”。将字体格式设置为“仿宋”“40 磅”“加粗”“绿色”。

4．插入“康桥.jpg”，将图片版式设置为“浮于文字上方”。

5．将艺术字、“康桥”图片移入“双波形”形状中，并将三个对象组合在一起。将艺术字放在左边，将“康桥”图片放在右边。

6．插入“星与旗帜”→“竖卷形”形状。用复制的方式生成另外两个“竖卷形”形状，并将三个“竖卷形”形状分别填充为天蓝色、青色、浅绿色，再将文本的第一、二、三自然段分别放入三个“竖卷形”形状中，将字体格式均设置为“宋体”“四号”，将三个自然段的字体颜色分别设置为蓝色、红色、粉红色，最后组合三个自然段及三个“竖卷形”形状。

7．插入“星与旗帜”→“横卷形”形状，并将其填充为淡紫色，将文本的最后一个自然段放入该形状中，将字体格式均设置为“黑体”“三号”“粉红色”。

本题的最终效果如图 3-3 所示。

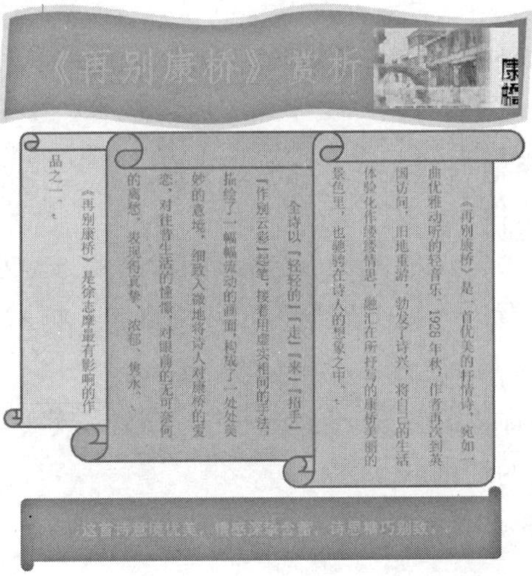

图 3-3

习题 4 《念奴娇·赤壁怀古》

操作要求： 相关素材在“教学资源库\习题册\模块 3\04”文件夹中。

1．新建 Word 文档，并输入如下内容。

念奴娇·赤壁怀古

大江东去，浪淘尽，千古风流人物。

故垒西边，人道是：三国周郎赤壁。

乱石穿空，惊涛拍岸，卷起千堆雪。

江山如画，一时多少豪杰！

遥想公瑾当年，小乔初嫁了，雄姿英发。

羽扇纶巾，谈笑间、樯橹灰飞烟灭。

故国神游，多情应笑我、早生华发。

人生如梦，一尊还酹江月。

2．在文本前插入“念奴娇.jpg”，将其高度设置为“3.56 厘米”，宽度设置为“14.61 厘米”。

3．插入艺术字“念奴娇·赤壁怀古”，设置字体格式为“黑体”“22 磅”，将艺术字的版式设置为“浮于文字上方”。

4．将这篇宋词的行距调整为“2 倍行距”，设置字体格式为“黑体”“四号”。

5．在这篇宋词的“周郎”处插入脚注，内容如下。

周郎：周瑜（175 年—210 年）字公瑾，庐江舒县（今安徽庐江西）人。东汉末年东吴名将，因其相貌英俊而有“周郎”之称。周瑜精通军事，又精于音律，江东向来有“曲有误，周郎顾”之语。公元 208 年，孙、刘联军在周瑜的指挥下，于赤壁击败曹操的军队，此战也奠定了三分天下的基础。公元 210 年，周瑜因病去世，年仅 36 岁（安徽庐江有周瑜墓）。

6．在正文结尾处插入尾注，设置字体格式为“小四号”“绿色”，内容如下。

这首被誉为“千古绝唱”的名作，是宋词中流传最广、影响最大的作品之一，也是豪放词最杰出的代表之一。这篇宋词完成于神宗元丰五年（1082 年）七月，是苏轼贬居黄州时游黄风城外的赤壁矶时所作。

7．在正文结尾处插入“念奴娇 2.jpg”，将该图片的上方、左侧适当裁剪，并将高度设置为“3.99 厘米”，宽度设置为“3.31 厘米”，“环绕文字”方式设置为“紧密型”。最后，将图片放于正文的右下角。

8．插入页眉，输入字样“念奴娇·赤壁怀古　作者：苏轼”。

9．给页面增加艺术型的边框。

本题的最终效果如图 3-4 所示。

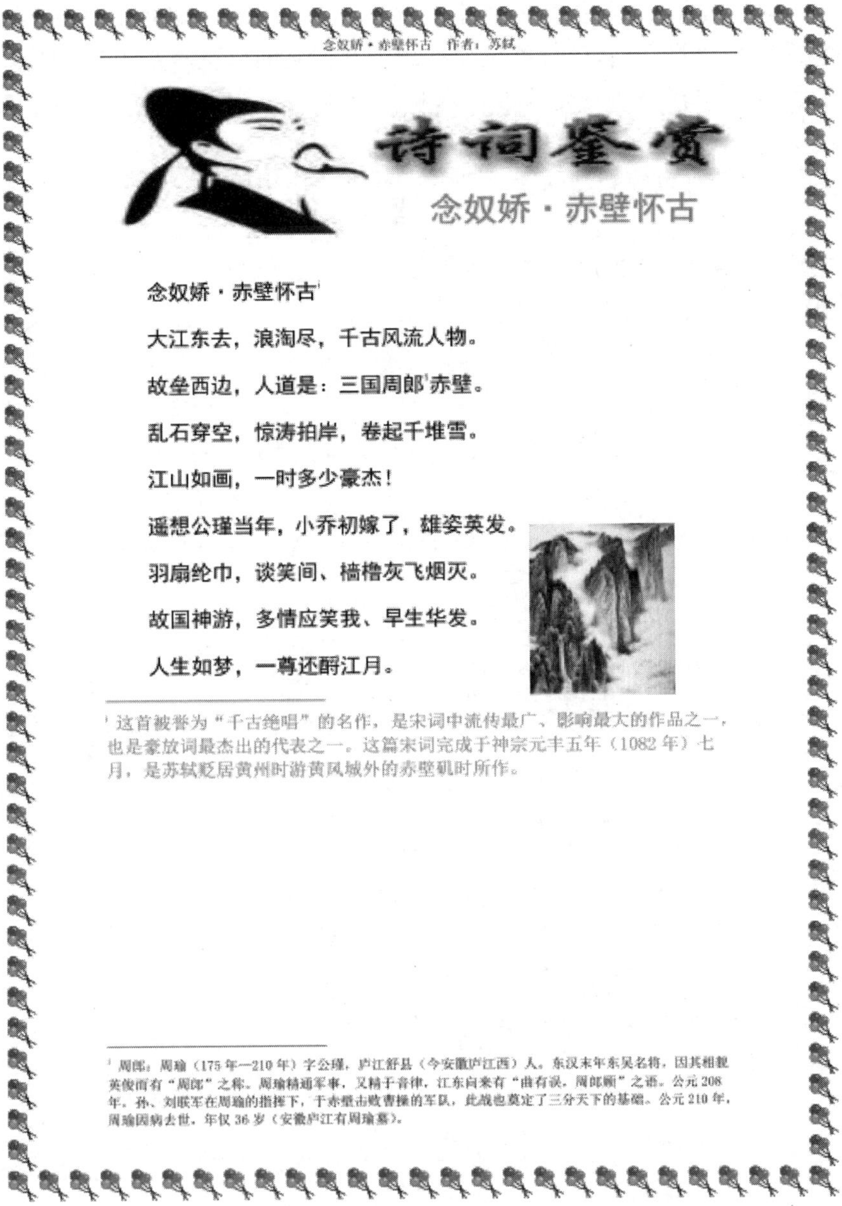

念奴娇·赤壁怀古　作者：苏轼

诗词鉴赏

念奴娇·赤壁怀古

念奴娇·赤壁怀古[1]

大江东去，浪淘尽，千古风流人物。

故垒西边，人道是：三国周郎[1]赤壁。

乱石穿空，惊涛拍岸，卷起千堆雪。

江山如画，一时多少豪杰！

遥想公瑾当年，小乔初嫁了，雄姿英发。

羽扇纶巾，谈笑间、樯橹灰飞烟灭。

故国神游，多情应笑我、早生华发。

人生如梦，一尊还酹江月。

[1] 这首被誉为“千古绝唱”的名作，是宋词中流传最广、影响最大的作品之一，也是豪放词最杰出的代表之一。这篇宋词完成于神宗元丰五年（1082 年）七月，是苏轼贬居黄州时游黄风城外的赤壁矶时所作。

[1] 周郎：周瑜（175 年—210 年）字公瑾，庐江舒县（今安徽庐江西）人。东汉末年东吴名将，因其相貌英俊而有“周郎”之称。周瑜精通军事，又精于音律，江东向来有“曲有误，周郎顾”之语。公元 208 年，孙、刘联军在周瑜的指挥下，于赤壁击败曹操的军队，此战也奠定了三分天下的基础。公元 210 年，周瑜因病去世，年仅 36 岁（安徽庐江有周瑜墓）。

图 3-4

习题 5　花卉设施栽培的特点

操作要求：相关素材在“教学资源库\习题册\模块 3\05”文件夹中。

1．设置标题的字体格式为“黑体”“小二号”“加粗”“红色”，字符间距为“加宽”“2 磅”，并将标题居中对齐。

2．为标题设置字符圆圈。

3．为第一自然段设置首字下沉，格式为“两行”“黑体”“距正文 0.3 厘米”。

4．将文档中所有的“兰花”替换为“蝴蝶兰”，字体颜色设置为“蓝色”，并加着重号。

5．插入“花卉.jpg”，并将图片的高度设置为“3.3 厘米”，宽度设置为“4.87 厘米”，环绕文字设置为“四周型”。将图片移至文档的中部偏右的位置，并为图片添加题注。

6．将最后一段中的“农业干部学校和农科院资料室”用“双行合一”的方式变成一行，并添加灰色底纹。

7．添加页眉“花卉设施栽培的特点”，并设置页眉居中。插入艺术字“花卉”，并设置发光效果。

8．在页脚位置插入“页码”，数字类型为“1，2，3……”，并使页码居中。

本题的最终效果如图 3-5 所示。

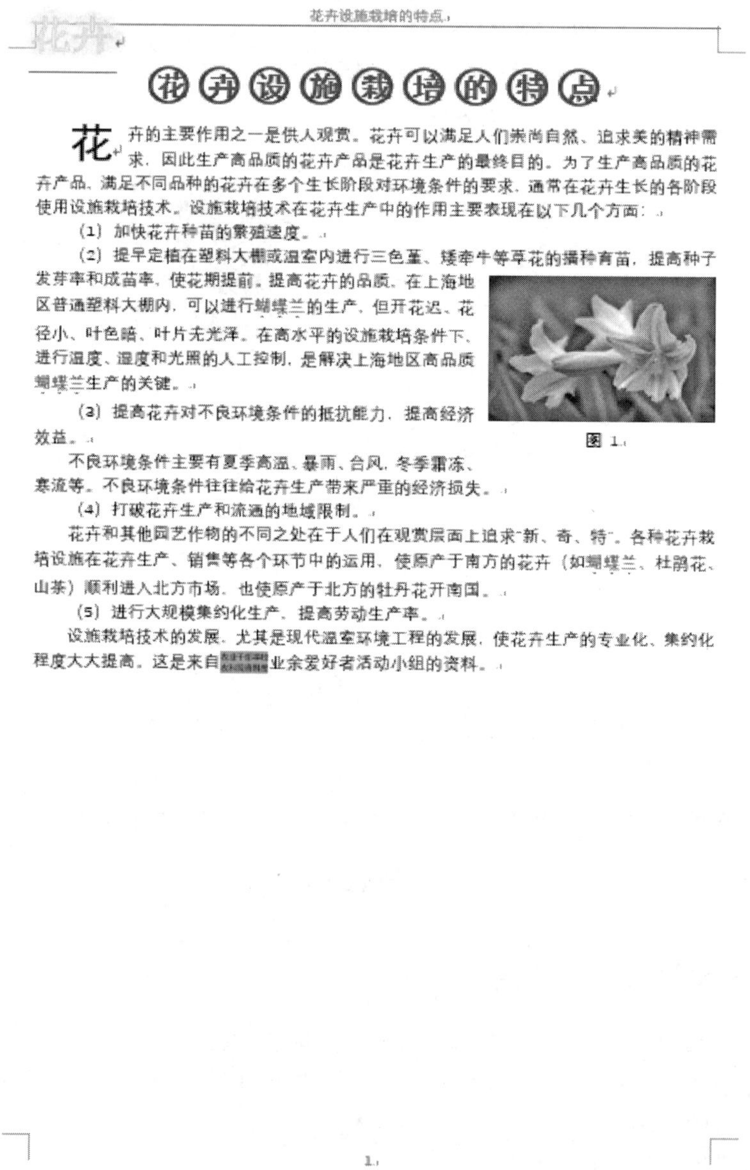
花卉设施栽培的特点

花卉

花卉设施栽培的特点

花卉的主要作用之一是供人观赏。花卉可以满足人们崇尚自然、追求美的精神需求，因此生产高品质的花卉产品是花卉生产的最终目的。为了生产高品质的花卉产品，满足不同品种的花卉在多个生长阶段对环境条件的要求，通常在花卉生长的各阶段使用设施栽培技术。设施栽培技术在花卉生产中的作用主要表现在以下几个方面：

（1）加快花卉种苗的繁殖速度。

（2）提早定植在塑料大棚或温室内进行三色堇、矮牵牛等草花的播种育苗，提高种子发芽率和成苗率，使花期提前。提高花卉的品质，在上海地区普通塑料大棚内，可以进行蝴蝶兰的生产，但开花迟、花径小、叶色暗、叶片无光泽。在高水平的设施栽培条件下，进行温度、湿度和光照的人工控制，是解决上海地区高品质蝴蝶兰生产的关键。

（3）提高花卉对不良环境条件的抵抗能力，提高经济效益。

图 1

不良环境条件主要有夏季高温、暴雨、台风，冬季霜冻、寒流等。不良环境条件往往给花卉生产带来严重的经济损失。

（4）打破花卉生产和流通的地域限制。

花卉和其他园艺作物的不同之处在于人们在观赏层面上追求"新、奇、特"。各种花卉栽培设施在花卉生产、销售等各个环节中的运用，使原产于南方的花卉（如蝴蝶兰、杜鹃花、山茶）顺利进入北方市场，也使原产于北方的牡丹花开南国。

（5）进行大规模集约化生产，提高劳动生产率。

设施栽培技术的发展，尤其是现代温室环境工程的发展，使花卉生产的专业化、集约化程度大大提高。这是来自农业干部学校和农科院资料室业余爱好者活动小组的资料。

1

图 3-5

本题需要输入的内容如下。

花卉设施栽培的特点

花卉的主要作用之一是供人观赏。花卉可以满足人们崇尚自然、追求美的精神需求，因此生产高品质的花卉产品是花卉生产的最终目的。为了生产高品质的花卉产品，满足不同品种的花卉在多个生长阶段对环境条件的要求，通常在花卉生长的各阶段使用设施栽培技术。设施栽培技术在花卉生产中的作用主要表现在以下几个方面：

（1）加快花卉种苗的繁殖速度。

（2）提早定植在塑料大棚或温室内进行三色堇、矮牵牛等草花的播种育苗，提高种子发芽率和成苗率，使花期提前。提高花卉的品质，在上海地区普通塑料大棚内，可以进行兰花的生产，但开花迟、花径小、叶色暗、叶片无光泽。在高水平的设施栽培条件下，进行温度、湿度和光照的人工控制，是解决上海地区高品质兰花生产的关键。

（3）提高花卉对不良环境条件的抵抗能力，提高经济效益。

不良环境条件主要有夏季高温、暴雨、台风，冬季霜冻、寒流等。不良环境条件往往给花卉生产带来严重的经济损失。

（4）打破花卉生产和流通的地域限制。

花卉和其他园艺作物的不同之处在于人们在观赏层面上追求“新、奇、特”。各种花卉栽培设施在花卉生产、销售等各个环节中的运用，使原产于南方的花卉（如兰花、杜鹃花、山茶）顺利进入北方市场，也使原产于北方的牡丹花开南国。

（5）进行大规模集约化生产，提高劳动生产率。

设施栽培技术的发展，尤其是现代温室环境工程的发展，使花卉生产的专业化、集约化程度大大提高。这是来自农业干部学校和农科院资料室业余爱好者活动小组的资料。

习题 6　表格

操作要求：相关素材在“教学资源库\习题册\模块 3\06”文件夹中。

1. 创建一个 8 行×7 列的表格。

2. 设置标题“北京科技发展有限责任公司”的字体格式为“二号”“加粗”“双下画线”“蓝色”，并将该标题居中对齐。

3. 设置副标题“2020 年 1 月资金预算表”的字体格式为“小四”“加粗”“右对齐”，并在该副标题之前加一条横线，将线条颜色及字符颜色均设置为“浅绿色”，横线相对于副标题在竖直方向居中，将副标题的段后行距设置为“2 倍行距”。

4. 将第 1 列第 1、2 行的两个单元格合并，并输入“日期”。

5. 将第 2、3 列第 1 行的两个单元格合并，并输入“收入”；合并第 4、5、6 列的第 1 行的三个单元格，输入“支出”；合并第 7 列的第 1、2 行的两个单元格，输入“金额（元）”。

6. 在其他单元格中输入相应的内容，将表格中的所有文字设置为“中部居中对齐”。将最后一行的第 1、2 列的两个单元格合并，输入“收入总计”，将最后一行的第 4、5 列的两个单元格合并，输入“支出总计”。

7. 利用公式求出“收入总计”的金额（将结果填入第 8 行第 3 列单元格中）、“支出总计”的金额（将结果填入第 8 行第 6 列单元格中），以及第 8 行第 7 列单元格的金额。设置这三个单元格中文字的颜色分别为“红色”“蓝色”“紫色”。

8．将表格的外边框设置为双线，内边框设置为单线。

9．给第 1 列添加黄色底纹，给最后一行添加浅绿色底纹，给其他单元格添加金色底纹。本题的最终效果如图 3-6 所示。

北京科技发展有限责任公司

——————2020 年 1 月资金预算表

日期	收入		支出			金额（元）
	来源	金额（元）	用途	类别	金额（元）	
2020.1.1	产品销售	12000.00	员工工资	管理费用	4600.00	7400.00
2020.1.6	应收账单	6000.00	交通费	管理费用	8000.00	-2000.00
2020.1.15	股票投资	13200.00	水电费	管理费用	102.00	13098.00
2020.1.25	长期投资	68000.00	广告费	营业费用	5000.00	63000.00
2020.1.28	无形资产	8600.00	其他费用	管理费用	400.00	8200.00
收入总计		107800.00	支出总计		18102.00	89698.00

图 3-6

习题 7　数学公式的输入

操作要求：利用公式编辑器输入如图 3-7 所示的数学公式。

$$f(x)=\begin{cases}2, -1<x\le 0\\ x^2, 0<x\le 1\end{cases}\qquad f(x)=\begin{cases}x^2 & x\le 2\\ 2^x & 2<x\le 3\\ x-1 & x>3\end{cases}\ \text{求}\lim_{x\to 0}f(x)$$

$$\mathrm{I}=\int_0^1 dy\int_{1-\sqrt{1-y^2}}^{3-y}f(x,y)dx\qquad y=\sqrt{\frac{(x+1)(x-12)}{(x+3)(x+4)}}$$

$$\iint\limits_{\mathrm{D}}(x^2+y^2)dxdy$$

$$I=\iiint\limits_{\Omega}(x^2+y^2+z^2)\,dx\,dy\,dz\begin{vmatrix}1 & 0 & -1 & -1\\ 0 & \frac{4}{3\sqrt{2}} & 3 & 1\\ 0 & 0 & 1 & 0\\ x & x+y+z & y & xy\end{vmatrix}$$

$$\sum_{n=1}^{\infty}\frac{(x-1)^n}{n}\qquad \begin{matrix}x & y & z\\ x+1 & y+1 & z+1\\ x+2 & y+2 & z+2\end{matrix}$$

图 3-7

习题 8　蝴蝶鉴赏

操作要求：相关素材在“教学资源库\习题册\模块 3\08”文件夹中。

1．设置上、下页边距均为“2 厘米”，每页的行数为 46 行，每行有 39 个字符。

2．设置标题的字体格式为“黑体”“二号”“加粗”，字符间距为“加宽”“4 磅”，并将标题设置为“居中对齐”。

3．为“蝴蝶鉴赏”设置字符圆圈，为“蝴蝶与蛾的区分”设置字符菱形，并设置这两处文字的字体格式为“二号”“绿色”“新宋体”。

4．为“珍稀程度”和“观赏价值”设置项目编号，项目编号的形式为“1)，2)，3)”。

5．将最后三个自然段设置为两栏，且栏的宽度均为 17 字符。在两栏之间插入图片“蝴蝶 3jpg”，设置图片的高度为 4.13 厘米，宽度为 3.44 厘米。

6．设置“如何评价蝴蝶的价值？”的字体格式为“小三号”“浅绿色底纹”。

7．设置水印背景为“蝴蝶鉴赏.jpg”，图片的缩放比例为 100%。

8．设置页眉的文字为“蝴蝶鉴赏和蝶蛾区分”，字体格式为“橙色”。插入图片“蝴蝶 1.jpg”，裁剪图片中的空白处，留下三只蝴蝶，并放在页眉文字的右侧。

9．保存文档，并将文档命名为“蝴蝶鉴赏”。

该习题需要输入的内容如图 3-8 所示。

蝴蝶鉴赏和蝶蛾区分

蝴蝶鉴赏

如何评价蝴蝶的价值？

色彩花纹、体形大小与形状。色彩艳丽、体形大、形态完整无缺的蝴蝶，具有很高的欣赏价值与收藏价值。

1 珍稀程度。在自然界中，数量越稀少的蝴蝶，其价值越大。

相关的传说与文化内涵。具有美丽的传说或某种象征意义的蝴蝶，以及代表一定宗教信仰或文化内涵的蝴蝶，即使属于普通的品种，仍然具有很高的商业价值和收藏价值。

2 观赏价值。蝴蝶品种繁多，色彩艳丽。蝴蝶翅膀上生长着许多形状各异且很小的鳞片。鳞片含有各种特殊的化学色素颗粒。这些彩色的颗粒组合在一起，在表面上形成明亮而多彩的图案。大部分蝴蝶，特别是一些生长在我国南方地区，外观比较漂亮的大型蝴蝶，深受人们的喜爱。

蝴蝶与蛾的区分

蝶与蛾属鳞翅目。

蝴蝶是一类日间活动的昆虫，通常它们有着明亮的颜色；触角前端粗短，呈纺锤状或棒状，后端细长；蝴蝶休息时，四翅合拢立于背上。蝴蝶的后翅基部大而有力。

蛾的品种有很多。通常，蛾在夜间活动，但有的蛾也在白天活动。蛾的触角前端不是棒状的，一般呈丝状或羽毛状。蛾的触角前端比后端细；蛾休息时，双翅平放在身体上；大多数蛾的翅膀有联系结构，即后翅基部上的刚毛与前翅上的翅钩或抱带相结合。雄蛾有强硬的单根刚毛，而雌蛾则有许多细长的刚毛。

严格地说，以上特征并不能涵盖所有的蝴蝶和蛾，我们无法依靠其中任何一种特征，把所有的蝴蝶和蛾完全区分清楚。

图 3-8

习题 9　保健小报

操作要求： 相关素材在“教学资源库\习题册\模块 3\09”文件夹中。

1．设置纸张方向为“横向”。

2．插入 2 行×3 列的表格。

3．在第 1 列中，合并第 1、2 行单元格；在第 2 列中，合并第 1、2 行单元格。设置表格外框线为绿色的波浪线，设置表格的内框线的颜色为“粉色”，粗细为“3 磅”。

4．在第 1 列中输入“内容一”，并以竖排文字的方式排列。其中，标题使用艺术字。

5．在第 2 列中输入“内容二”，其中，标题使用艺术字，并且添加阴影效果。插入图片“保健 1.jpg”，设置图片的“环绕文字”方式为“紧密型”，适当调整图片的大小，并使其居中摆放。

6．在第 3 列的第 1 行中输入“内容四”，设置标题的字体格式为“小四”“加粗”“宋体”“蓝色”；插入图片“保健 2.jpg”，衬于文字下方，作为背景。

7．在第 3 列的第 2 行中输入“内容三”，设置标题的字体格式为“宋体”“三号”“橙色”。

本题的最终效果如图 3-9 所示。

绿茶不宜空腹喝

绿茶的保健作用已为大家熟知，而且随着国际上对绿茶保健作用研究的深入，绿茶似乎已经成了很多人养生保健的不二选择。很多人整天茶杯不离手，绿茶不离口，也有人把早上起床喝杯绿茶当成习惯。但国家茶叶质量监督检验中心副研究员翁昆提醒：空腹喝绿茶，对肠胃保健不利。

中医养生文化之调神养性

中医认为，人是大自然的产物，人在气交之中，人是在风、寒、暑、湿、燥、火等气候的变化中，完成其生长壮老已的过程的；从另一角度讲，中医更强调人是社会的人，具有完备的喜、怒、忧、思、悲、恐、惊七种情志（简称“七情”）。这七情是人类特有的，而且这种情志活动是任何简单或者高级的动物都无法比拟、代替的。

现代社会工作节奏越来越快，弄得很多人疲惫不堪，处于亚健康状态，一想起上班就头疼。这说明他对自己的工作已经厌倦了，这是一种很危险的信号，所以一定要学会调节情志。要想真正把情志调节好，必须做到“恬淡虚无，真气从之”。让精神经常处在一种放松的状态，有助于记忆力的恢复与提升。比如参加考试，如果精神紧张，原本掌握的知识可能全忘了；当精神恢复轻松，可能很多知识都想起来了。如果能使自己的心态处在一种稳定的状态，就能做到“阴平阳秘，精神乃至”。

医学科学家通过研究已经证实有些癌症是完全可以预防的。要防患于未然，必须从小事做起，做好自我保健。

睡好觉、常欢笑、管住嘴、不偏食、慢慢嚼。

少饮酒、不吸烟、避曝晒、常运动。生命在于运动，运动也能防癌。其主要原因在于锻炼提高了人体免疫功能。

皮肤病的种类有哪些？

皮肤病的种类非常多，包括病毒性皮肤病、细菌性皮肤病、真菌性皮肤病以及动物引起的皮肤病、性传播疾病，过敏性皮肤病等。

图 3-9

本题需要输入的内容如下。

内容一

绿茶不宜空腹喝

绿茶的保健作用已为大家熟知，而且随着国际上对绿茶保健作用研究的深入，绿茶似乎已经成了很多人养生保健的不二选择。很多人整天茶杯不离手，绿茶不离口，也有人把早上起床喝杯绿茶当成习惯。但国家茶叶质量监督检验中心副研究员翁昆提醒：空腹喝绿茶，对肠胃保健不利。

内容二

中医养生文化之调神养性

中医认为，人是大自然的产物，人在气交之中，人是在风、寒、暑、湿、燥、火等气候的变化中，完成其生长壮老已的过程的；从另一角度讲，中医更强调人是社会的人，具有完备的喜、怒、忧、思、悲、恐、惊七种情志（简称“七情”）。这七情是人类特有的，而且这种情志活动是任何简单或者高级的动物都无法比拟、代替的。

现代社会工作节奏越来越快，弄得很多人疲惫不堪，处于亚健康状态，一想起上班就头疼。这说明他对自己的工作已经厌倦了，这是一种很危险的信号，所以一定要学会调节情志。要想真正把情志调节好，必须做到“恬淡虚无，真气从之”。让精神经常处在一种放松的状态，有助于记忆力的恢复与提升。比如参加考试，如果精神紧张，原本掌握的知识可能全忘了；当精神恢复轻松，可能很多知识都想起来了。如果能使自己的心态处在一种稳定的状态，就能做到“阴平阳秘，精神乃至”。

内容三

皮肤病的种类有哪些？

皮肤病的种类非常多，包括病毒性皮肤病、细菌性皮肤病、真菌性皮肤病以及动物引起的皮肤病、性传播疾病，过敏性皮肤病等。

内容四

关于最简便的防癌措施

医学科学家通过研究已经证实有些癌症是完全可以预防的。要防患于未然，必须从小事做起，做好自我保健。

睡好觉、常欢笑、管住嘴、不偏食、慢慢嚼。

少饮酒、不吸烟、避曝晒、常运动。生命在于运动，运动也能防癌。其主要原因在于锻炼提高了人体免疫功能。

习题 10 数码相机结构图

操作要求：

1．选择“形状”中的基本图形，如图 3-10 所示。

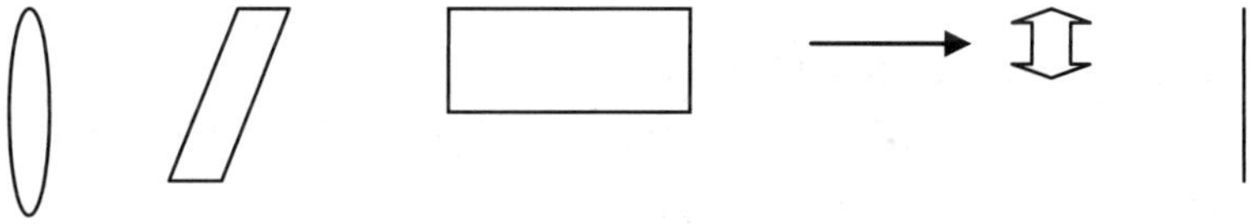

图 3-10

2．为每个图形设置不同的艺术风格，如图 3-11 所示。

（1）将“图 1”填充为鲜绿色，设置线条颜色为金黄色。

（2）将“图 2”填充为蓝色小网格图案，设置线条颜色为紫罗兰色。

（3）将“图 3”填充为淡紫色实心菱形图案，并为“图 3”添加阴影效果。

（4）将“图 4”填充为浅绿色球体图案，并为“图 4”添加阴影效果。

（5）将“图 5”填充为花束图案，并为“图 5”添加阴影效果。

（6）为“LCD”“PC”“接口”三个矩形框设置绿色边框，并将矩形框内部填充为鲜绿色，设置填充透明度为“100%”，给三个矩形框添加阴影效果。在矩形框中输入相应的文字。

3．在各图形周围插入文本框，并输入文字说明，设置文本框为“无轮廓”。

4．设置箭头图形为“3 磅”“蓝色”。

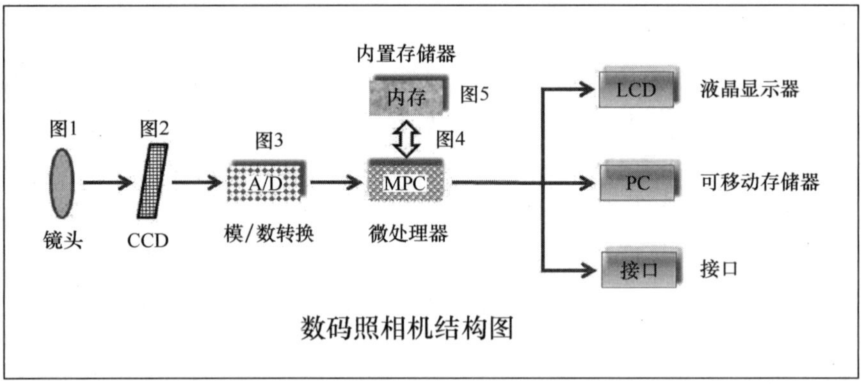

图 3-11

5．插入艺术字“数码相机结构图”，设置艺术字的轮廓线条为浅蓝色，并添加深红色的阴影效果。

本题的最终效果如图 3-11 所示。

习题 11　课表

操作要求：相关素材在“教学资源库\习题册\模块 3\11”文件夹中。

1．绘制如图 3-12 所示的课表。

2．创建一个 8 行×7 列的表格。将第 1 列的第 1 行、第 2 行单元格，以及第 2 列的第 1 行、第 2 行单元格合并，输入“时间”字样；将第 2～6 列的第 1 行单元格合并，输入“课程”字样；将第 1 列的第 3～6 行单元格合并，输入“上午”字样；将第 1 列的第 7～8 行单元格合并，输入“下午”字样。

3．在其他单元格中输入如图 3-12 所示的字样。

4．设置“时间”“课程”“星期一”“星期二”“星期三”“星期四”“星期五”的字体格式为“仿宋”“加粗”“小三”“阴影”“深蓝色”。

5．利用格式刷设置“上午”“下午”的字体格式与“星期一”的字体格式一致。

6．将表格的第 1~2 行单元格的底纹设置为浅绿色，其他单元格的底纹设置为浅青绿色。

7．将表格的外边框设置为外粗内细的橙色双实线，内边框设置为 1 磅粗细的粉红色单实线。

8．添加艺术字标题“20 级计算机应用（3）班课程表”。

9．在艺术字标题右下方增加一个副标题“2020-2021-1 学期”，其字体格式与“上午”的字体格式一样，设置对齐方式为“右对齐”。

10．将副标题的段后间距设置为“1 行”。

12．在表格左上方插入“计算机”联机图片，图片的“高度”与“宽度”均设置为 2.06 厘米。

本题的最终效果如图 3-12 所示。

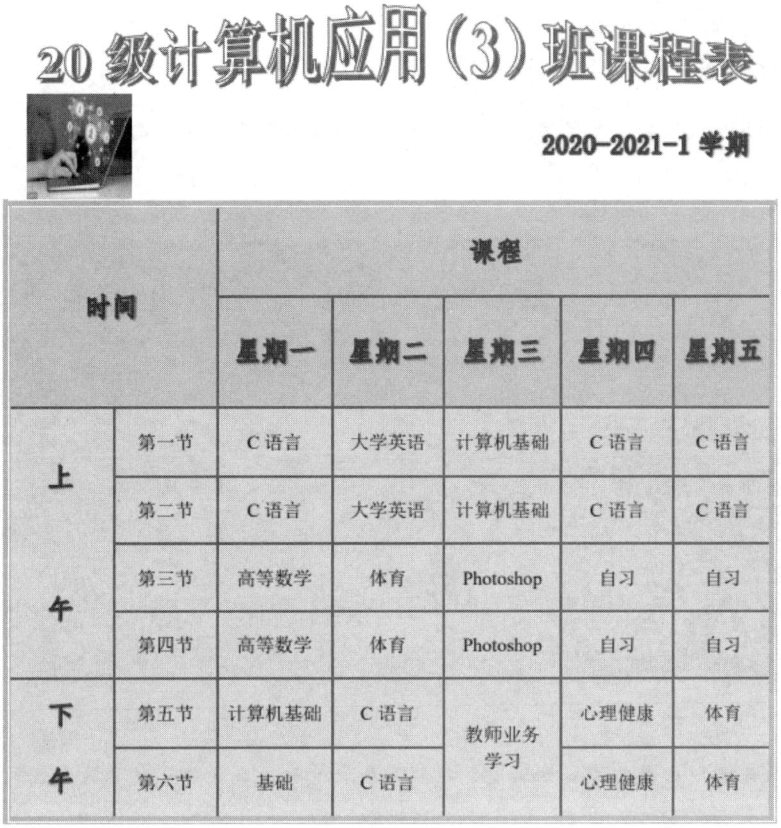

20 级计算机应用（3）班课程表

2020-2021-1 学期

时间		课程				
		星期一	星期二	星期三	星期四	星期五
上午	第一节	C 语言	大学英语	计算机基础	C 语言	C 语言
	第二节	C 语言	大学英语	计算机基础	C 语言	C 语言
	第三节	高等数学	体育	Photoshop	自习	自习
	第四节	高等数学	体育	Photoshop	自习	自习
下午	第五节	计算机基础	C 语言	教师业务学习	心理健康	体育
	第六节	基础	C 语言		心理健康	体育

图 3-12

习题 12　端午话粽子

操作要求：相关素材在“教学资源库\习题册\模块 3\12”文件夹中。

1．设置页边距，上页边距为“1 厘米”，下页边距为“1 厘米”，左页边距为“2 厘米”，右页边距为“2 厘米”，纸张方向为“横向”。

2．插入 3 个文本框，文本框的高度均设置为“13 厘米”，宽度根据文字数量灵活调整。分别在 3 个文本框中输入“内容一”“内容二”“内容三”。

3．在第一个文本框中添加标题“端午”，设置字体格式为“黑体”“加粗”“初号”“橙色”“居中对齐”；在“端午”下方另起一行添加标题“话粽子”，设置字体格式为“黑体”“初号”“居中对齐”，并为“话粽子”添加下边框（边框线设置为“3 磅”“橙色”）。

4．给“话粽子”下方的“内容一”的文字添加“深青色”底纹；设置“内容一”的文字的字体格式为“黑体”“四号”“加粗”，并为“内容一”添加“深绿色”“3 磅”的右边框。

5．给“内容二”的文字添加“浅绿色”底纹，在结尾处插入图片“端午 jpg”。

给“内容三”的文字添加“淡蓝色”底纹，并设置标题“端午节健康吃粽子”的字体格式为“黑体”“加粗”“二号”“居中对齐”，将标题文字填充为“白色”，文字轮廓设置为“橙色”；在标题下方插入线段，格式为“橙色”“3 磅”，并添加阴影效果。

6．设置 3 个文本框为“无轮廓”。

7．给全文添加艺术边框。

本题的最终效果如图 3-13 所示。

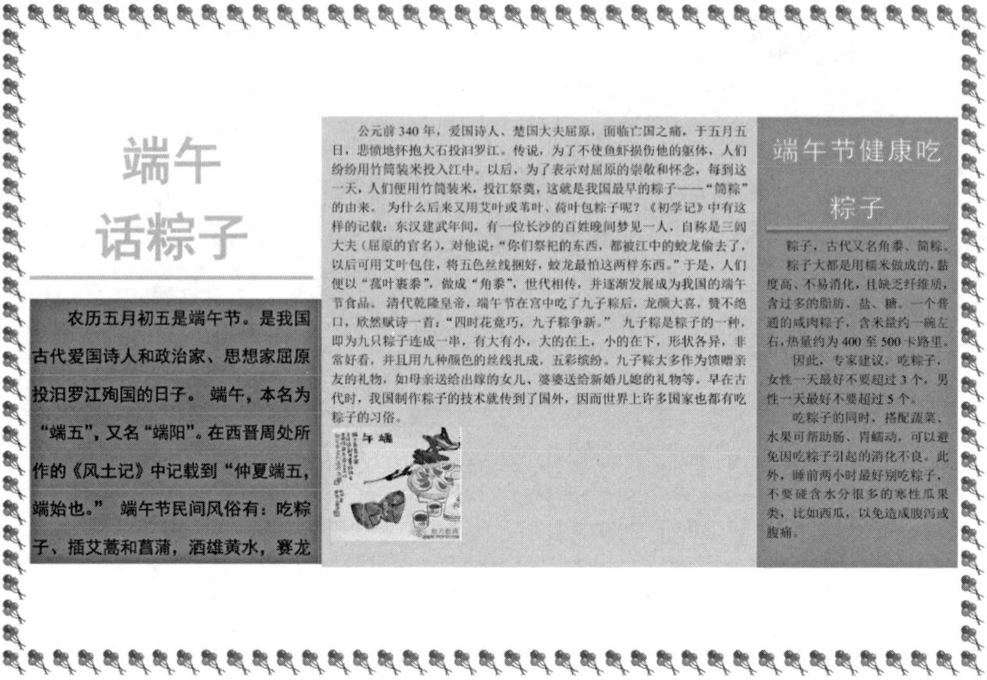

图 3-13

该习题需要输入的内容如下。

内容一

农历五月初五是端午节。是我国古代爱国诗人和政治家、思想家屈原投汨罗江殉国的日子。端午，本名为“端五”，又名“端阳”。在西晋周处所作的《风土记》中记载到“仲夏端五，端始也。”端午节的民间风俗有：吃粽子、插艾蒿和菖蒲，洒雄黄水，赛龙舟。

内容二

公元前 340 年，爱国诗人、楚国大夫屈原，面临亡国之痛，于五月五日，悲愤地怀抱大石投汨罗江。传说，为了不使鱼虾损伤他的躯体，人们纷纷用竹筒装米投入江中。以后，为了表示对屈原的崇敬和怀念，每到这一天，人们便用竹筒装米，投江祭奠，这就是我国最早的粽子——“筒粽”的由来。为什么后来又用艾叶或苇叶、荷叶包粽子呢？《初学记》中有这样的记载：东汉建武年间，有一位长沙的百姓晚间梦见一人，自称是三闾大夫（屈原的官名），对他说：“你们祭祀的东西，都被江中的蛟龙偷去了，以后可用艾叶包住，将五色丝线捆好，蛟龙最怕这两样东西。”于是，人们便以“菰叶裹黍”，做成“角黍”，世代相传，并逐渐发展成为我国的端午节食品。清代乾隆皇帝，端午节在宫中吃了九子粽后，龙颜大喜，赞不绝口，欣然赋诗一首：“四时花竞巧，九子粽争新。”九子粽是粽子的一种，即为九只粽子连成一串，有大有小，大的在上，小的在下，形状各异，非常好看，并且用九种颜色的丝线扎成，五彩缤纷。九子粽大多作为馈赠亲友的礼物，如母亲送给出嫁的女儿、婆婆送给新婚儿媳的礼物等。早在古代时，我国制作粽子的技术就传到了国外，因而世界上许多国家也都有吃粽子的习俗。

内容三

端午节健康吃粽子

粽子，古代又名角黍、筒粽。

粽子大都是用糯米做成的，黏度高、不易消化，且缺乏纤维质，含过多的脂肪、盐、糖。一个普通的咸肉粽子，含米量为一碗左右，热量为 400～500 卡路里。

因此，专家建议，吃粽子，女性一天最好不要超过 3 个，男性一天最好不要超过 5 个。

吃粽子的同时，搭配蔬菜、水果可帮助肠、胃蠕动，可以避免因吃粽子引起的消化不良。此外，睡前两小时最好别吃粽子，不要吃含水分很多的寒性瓜果类，比如西瓜，以免造成腹泻或腹痛。

习题 13　个人简历表

操作要求：

1．插入表格。

2．利用表格的合并、拆分功能，制作如图 3-14 所示的“个人简历表”。

3．将表格标题的字体格式设置为“宋体”“三号”“加粗”“粉红色”“阴影”“居中对齐”。

4．将“姓名”所在列的宽度设置为“2.5 厘米”。

5．将表格中除标题外的其他文字均设置为“中部居中对齐”。

6．将外边框设置为蓝色的、外细内粗的双线样式，内边框设置为红色的单线样式。

7．在“个人简历表”之前插入一个空白页，在该空白页中制作如图 3-14 所示的“个人简历”的封面。

8．绘制一个矩形，设置其宽度为整个页面的 1/3，高度和页面高度相等，将其置于页面的左侧，设置形状填充为“渐变”“单色”“深蓝色”“线性向右变体”。

绘制一个太阳形，设置形状填充为“渐变”“单色”“浅蓝色”“线性向下变体”。

绘制一个心形，设置形状填充为“渐变”“单色”“黄色”“线性对角变体”。按照图 3-14 分别复制相应的图形，并进行摆放。

9．插入另一个矩形，设置其宽度为整个页面的 2/3，高度和页面高度相等，将其置于页面的右侧。设置形状填充为“渐变”“单色”“淡紫色”。

10．插入艺术字“个人简历”，设置其环绕文字方式为“浮于文字上方”，调整其大小并将其放在封面的中部位置。在右下角插入文本框并输入“江西生物科技职业学院”“杨柳清”“2020 年 7 月”，设置字体格式为“宋体”“二号”“白色”。设置文本框的形状填充为“无填充颜色”。

本习题的最终效果如图 3-14 所示。

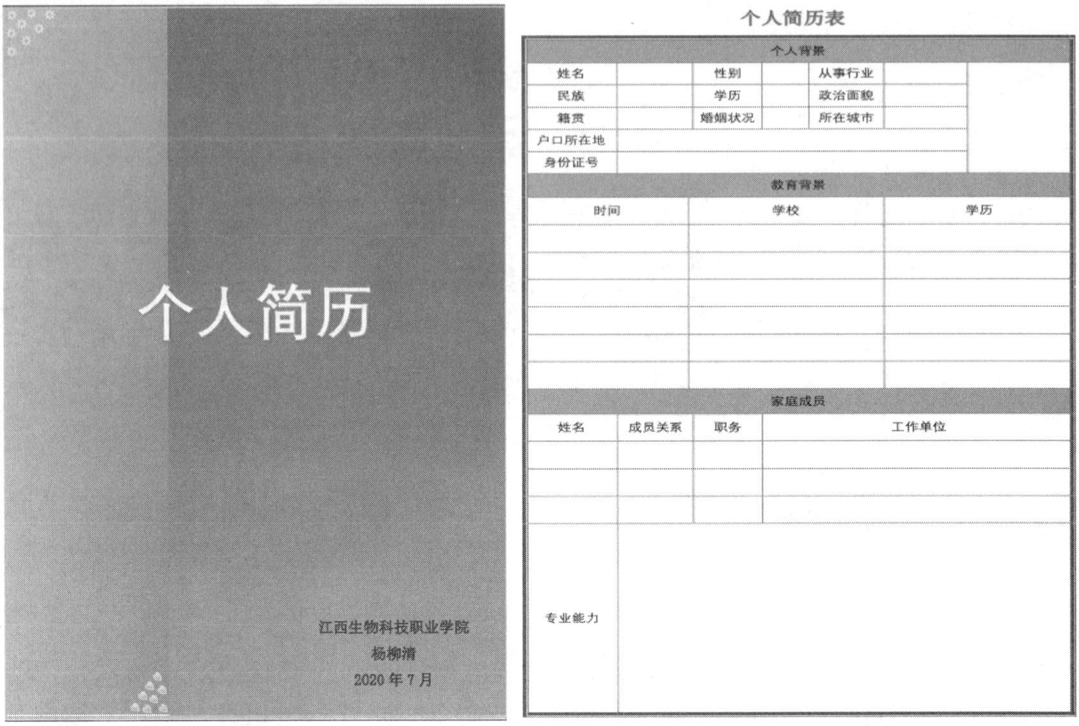

（a）封面　　　（b）个人简历表

图 3-14

习题 14　干烧鸡翅

操作要求：相关素材在“教学资源库\习题册\模块 3\14”文件夹中。

1．设置上、下页边距均为“5 厘米”。

2．设置正文的间距，段前间距为“0.5 行”，行距为“1.5 倍行距”（不含标题）。

3．将标题的字体格式设置为“华文新魏”“小初”“居中”“白色”，将标题的文字轮廓设置为“玫瑰红”。

4．在标题左侧插入“鸡蛋 jpg”，在文档后面插入“鸡翅.jpg”。

5．将第四段中的文字“倒去锅中余……”另起一段，并设置字体颜色为“蓝色”。

6．为第二、四段文字增加带有浅色横线的茶色底纹，并将这两段文字的字号设置为“小四”。

7．插入 3 个“波形”形状，分别添加金黄色、浅蓝色、浅绿色底纹，分别在其中输入文字“原料”“制作过程”“特点”，设置字体格式为“红色、小四、分散对齐”。

本习题的最终效果如图 3-15 所示。

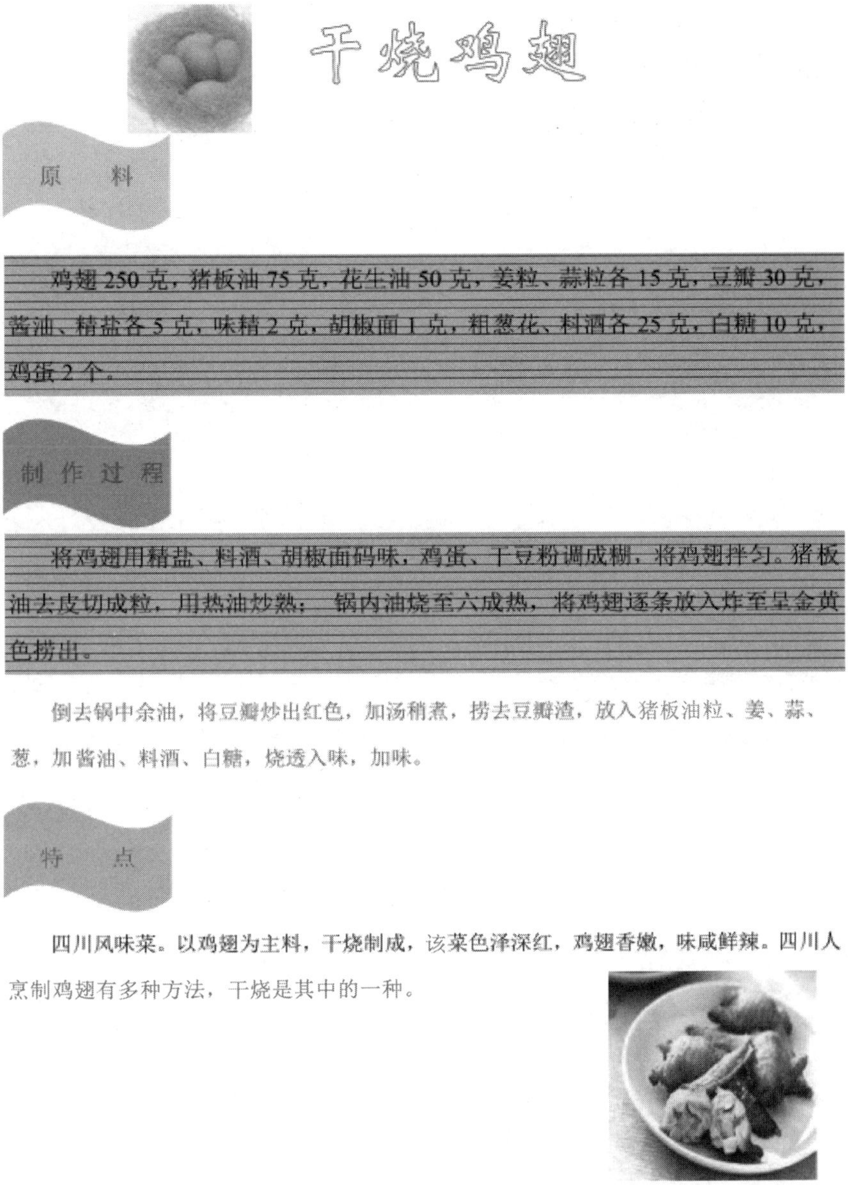

干烧鸡翅

原　料

鸡翅 250 克，猪板油 75 克，花生油 50 克，姜粒、蒜粒各 15 克，豆瓣 30 克，酱油、精盐各 5 克，味精 2 克，胡椒面 1 克，粗葱花、料酒各 25 克，白糖 10 克，鸡蛋 2 个。

制作过程

将鸡翅用精盐、料酒、胡椒面码味，鸡蛋、干豆粉调成糊，将鸡翅拌匀。猪板油去皮切成粒，用热油炒熟； 锅内油烧至六成热，将鸡翅逐条放入炸至呈金黄色捞出。

倒去锅中余油，将豆瓣炒出红色，加汤稍煮，捞去豆瓣渣，放入猪板油粒、姜、蒜、葱，加酱油、料酒、白糖，烧透入味，加味。

特　点

四川风味菜。以鸡翅为主料，干烧制成，该菜色泽深红，鸡翅香嫩，味咸鲜辣。四川人烹制鸡翅有多种方法，干烧是其中的一种。

图 3-15

习题 15　睿捷科技有限公司

操作要求：相关素材在“教学资源库\习题册\模块 3\15”文件夹中。

1．设标题的字体格式为“华文新魏”“三号”“绿色”“加粗”“居中对齐”。

2．将第二、三段及最后一段文字分为两栏，带分隔线，并设置字体格式为“绿色”“幼圆”。

3．给“公司简介”“企业文化”“服务内容”三个子标题添加项目符号，设置字体格式为“红色”“小三”“加粗”“阴影”。

4．插入“握手.jpg”，设置图片的“环绕文字”方式为“紧密型”，将图片放在正文的第四、五段之间。设置图片的高度为“2.1 厘米”，宽度为“5.08 厘米”。

5．插入组织结构图（见图 3-16 的下半部分），将组织结构图中的文字的字体格式设置为“加粗”“12 磅”“深蓝”。

本习题的最终效果如图 3-16 所示。

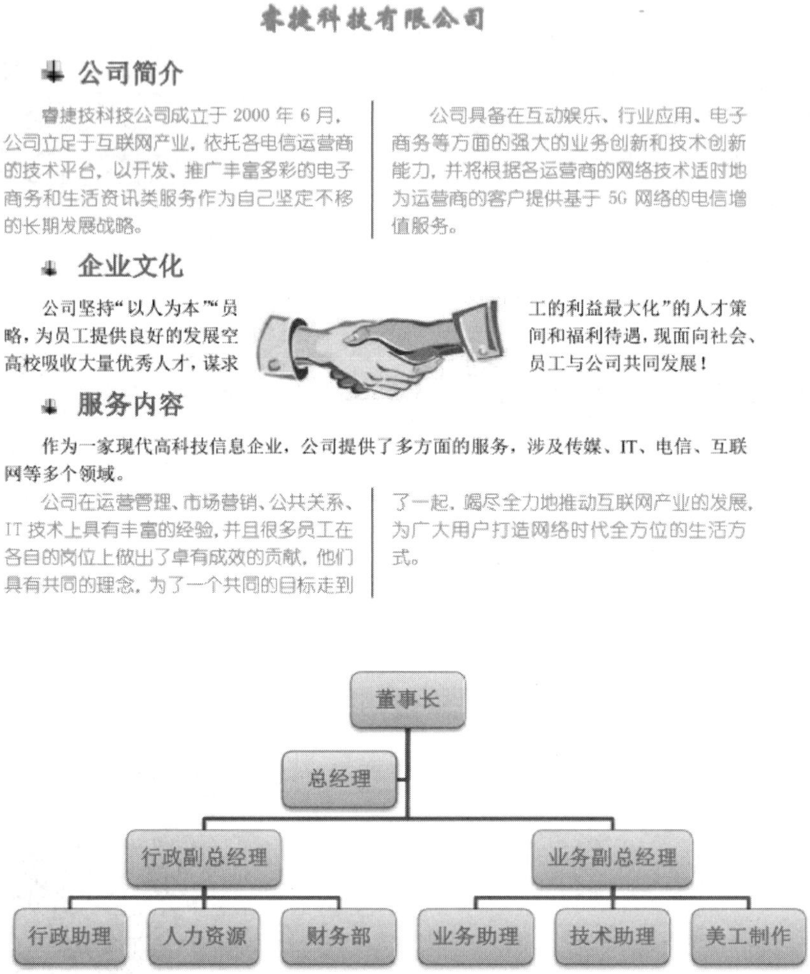

图 3-16

该习题需要输入的内容如下。

睿捷科技有限公司

公司简介

睿捷技科技公司成立于 2000 年 6 月，公司立足于互联网产业，依托各电信运营商的技术平台，以开发、推广丰富多彩的电子商务和生活资讯类服务作为自己坚定不移的长期发展战略。

公司具备在互动娱乐、行业应用、电子商务等方面的强大的业务创新和技术创新能力，并将根据各运营商的网络技术适时地为运营商的客户提供基于 5G 网络的电信增值服务。

企业文化

公司坚持“以人为本”“员工的利益最大化”的人才策略，为员工提供良好的发展空间和福利待遇，现面向社会、高校吸收大量优秀人才，谋求员工与公司共同发展！

服务内容

作为一家现代高科技信息企业，公司提供了多方面的服务，涉及传媒、IT、电信、互联网等多个领域。

公司在运营管理、市场营销、公共关系、IT 技术上具有丰富的经验，并且很多员工在各自的岗位上做出了卓有成效的贡献，他们具有共同的理念，为了一个共同的目标走到了一起，竭尽全力地推动互联网产业的发展，为广大用户打造网络时代全方位的生活方式。

习题 16　交通标志图（绘制自选图形）

操作要求：相关素材在“教学资源库\习题册\模块 3\16”文件夹中。

1．设置“纸张方向”为“横向”。

2．以艺术字的方式插入标题“交通标志图”，并使其居中对齐。

3．插入自选图形“禁止符”，设置填充色为“红色”。插入艺术字“P”，设置艺术字的字体格式为“微软雅黑”“120 磅”“加粗”。

4．插入自选图形“摘录”，设置填充色为“浅黄”，设置外边框的粗细为“9 磅”。插入艺术字“慢”，设置艺术字的字体格式为“微软雅黑”“48 磅”“加粗”。

5．插入自选图形“同心圆”，设置填充色为“红色”。插入艺术字“60”，设置艺术字的字体格式为“微软雅黑”“72 磅”“加粗”。

6．插入自选图形“合并”，设置填充色为“白色”，设置外边框的粗细为“9 磅”。插入艺术字“让”，设置艺术字的字体格式为“微软雅黑”“60 磅”“加粗”。

最后，组合 4 个交通标志。

本习题的最终效果如图 3-17 所示。

图 3-17

习题 17　记住“逆行者”留下的精神财富

操作要求： 相关素材在“教学资源库\习题册\模块 3\17”文件夹中。

1．设置正文的间距，段前、段后间距均为“0.5 行”，行距为“1.5 倍行距”。

2．将第三段中的文字“面对突如其来的疫情……”另起一段，设置该段文字的字体颜色为“红色”。

3．将全文的段落设置为“首行缩进”“2 字符”。将首行的“春分”两字设置为“首字下沉”“2 行”，字体颜色设置为“黄色”，并添加“宝石蓝色”底纹。

4．将第二段文字分为两栏，并添加“20%”“淡紫色”底纹，设置字体格式为“浅黄色”“加粗”“小四”。

5．在第三段文字下面添加一条颜色为“青绿色”，粗细为“3 磅”的直线，将第三段文字的字体格式设置为“加粗”“小四”“黄色”“分散对齐”。

6．为最后一段文字添加“鲜绿色”底纹。

7．在第四段文字中插入“逆行者.jpg”，设置“环绕文字”方式为“紧密型”。

本习题的最终效果如图 3-18 所示。

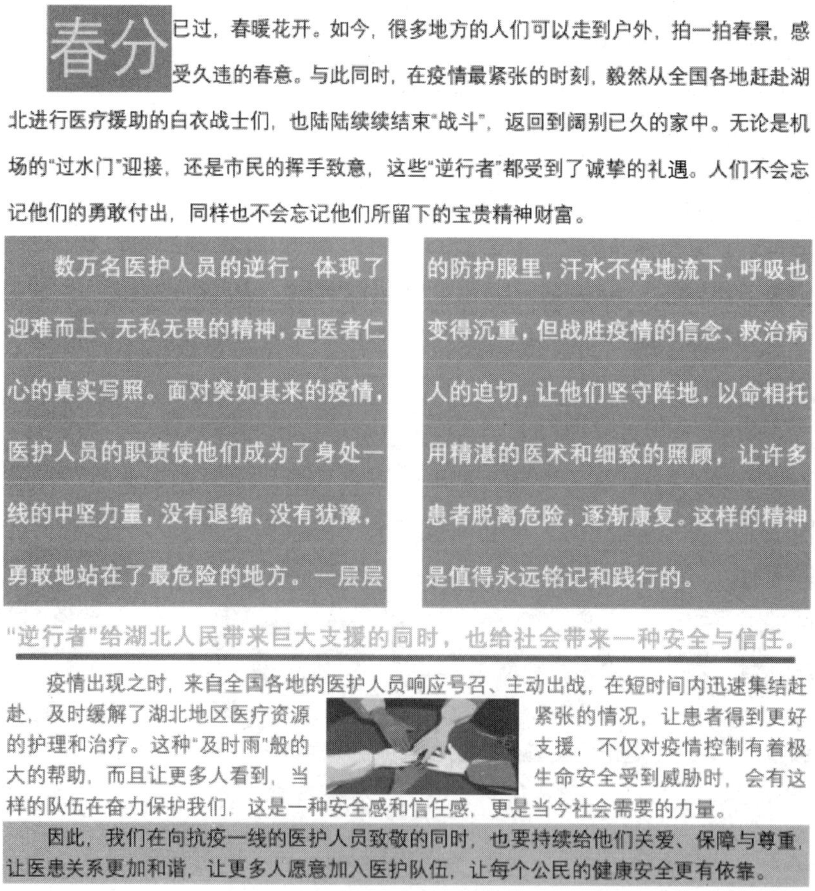

春分已过，春暖花开。如今，很多地方的人们可以走到户外，拍一拍春景，感受久违的春意。与此同时，在疫情最紧张的时刻，毅然从全国各地赶赴湖北进行医疗援助的白衣战士们，也陆陆续续结束“战斗”，返回到阔别已久的家中。无论是机场的“过水门”迎接，还是市民的挥手致意，这些“逆行者”都受到了诚挚的礼遇。人们不会忘记他们的勇敢付出，同样也不会忘记他们所留下的宝贵精神财富。

数万名医护人员的逆行，体现了迎难而上、无私无畏的精神，是医者仁心的真实写照。面对突如其来的疫情，医护人员的职责使他们成为了身处一线的中坚力量，没有退缩、没有犹豫，勇敢地站在了最危险的地方。一层层的防护服里，汗水不停地流下，呼吸也变得沉重，但战胜疫情的信念、救治病人的迫切，让他们坚守阵地，以命相托用精湛的医术和细致的照顾，让许多患者脱离危险，逐渐康复。这样的精神是值得永远铭记和践行的。

“逆行者”给湖北人民带来巨大支援的同时，也给社会带来一种安全与信任。

疫情出现之时，来自全国各地的医护人员响应号召、主动出战，在短时间内迅速集结赶赴，及时缓解了湖北地区医疗资源紧张的情况，让患者得到更好的护理和治疗。这种“及时雨”般的支援，不仅对疫情控制有着极大的帮助，而且让更多人看到，当生命安全受到威胁时，会有这样的队伍在奋力保护我们，这是一种安全感和信任感，更是当今社会需要的力量。

因此，我们在向抗疫一线的医护人员致敬的同时，也要持续给他们关爱、保障与尊重，让医患关系更加和谐，让更多人愿意加入医护队伍，让每个公民的健康安全更有依靠。

图 3-18

该习题需要输入的内容如下。

春分已过，春暖花开。如今，很多地方的人们可以走到户外，拍一拍春景，感受久违的春意。与此同时，在疫情最紧张的时刻，毅然从全国各地赶赴湖北进行医疗援助的白衣战士们，也陆陆续续结束“战斗”，返回到阔别已久的家中。无论是机场的“过水门”迎接，还是市民的挥手致意，这些“逆行者”都受到了诚挚的礼遇。人们不会忘记他们的勇敢付出，同样也不会忘记他们所留下的宝贵精神财富。

数万名医护人员的逆行，体现了迎难而上、无私无畏的精神，是医者仁心的真实写照。面对突如其来的疫情，医护人员的职责使他们成为了身处一线的中坚力量，没有退缩、没有犹豫，勇敢地站在了最危险的地方。一层层的防护服里，汗水不停地流下，呼吸也变得沉重，但战胜疫情的信念、救治病人的迫切，让他们坚守阵地，以命相托，用精湛的医术和细致的照顾，让许多患者脱离危险，逐渐康复。这样的精神，是值得永远铭记和践行的。

“逆行者”给湖北人民带来巨大支援的同时，也给社会带来一种安全与信任。疫情出现之时，来自全国各地的医护人员响应号召、主动出战，在短时间内迅速集结赶赴，及时缓解了湖北地区医疗资源紧张的情况，让患者得到更好的护理和治疗。这种“及时雨”般的支援，不仅对疫情控制有着极大的帮助，而且让更多人看到，当生命安全受到威胁时，会有这样的队伍在奋力保护我们，这是一种安全感和信任感，更是当今社会需要的力量。

因此，我们在向抗疫一线的医护人员致敬的同时，也要持续给他们关爱、保障与尊重，让医患关系更加和谐，让更多人愿意加入医护队伍，让每个公民的健康安全更有依靠。

习题 18 《一剪梅》

操作要求：相关素材在“教学资源库\习题册\模块 3\18”文件夹中。

1. 设置“纸张方向”为横向，上、下页边距均为“2 厘米”，左、右页边距均为“2.54 厘米”。
2. 设置正文的文字方向为“垂直”。
3. 设置标题的字体格式为“宋体”“一号”“加粗”“绿色”“居中对齐”，设置字符间距为“加宽”“3 磅”。
4. 为标题添加“增大圈号”的带圈字符。
5. 设置诗句“红藕香残玉簟秋……才下眉头，却上心头。”的格式为“楷体、三号、加粗、居中对齐”。
6. 为诗句“红藕香残玉簟秋……才下眉头，却上心头。”添加拼音。
7. 为【注释】和【简析】部分添加红色的双框线。

设置水印背景为“一剪梅.jpg”，缩放比例为“100%”。

本习题的最终效果如图 3-19 所示。

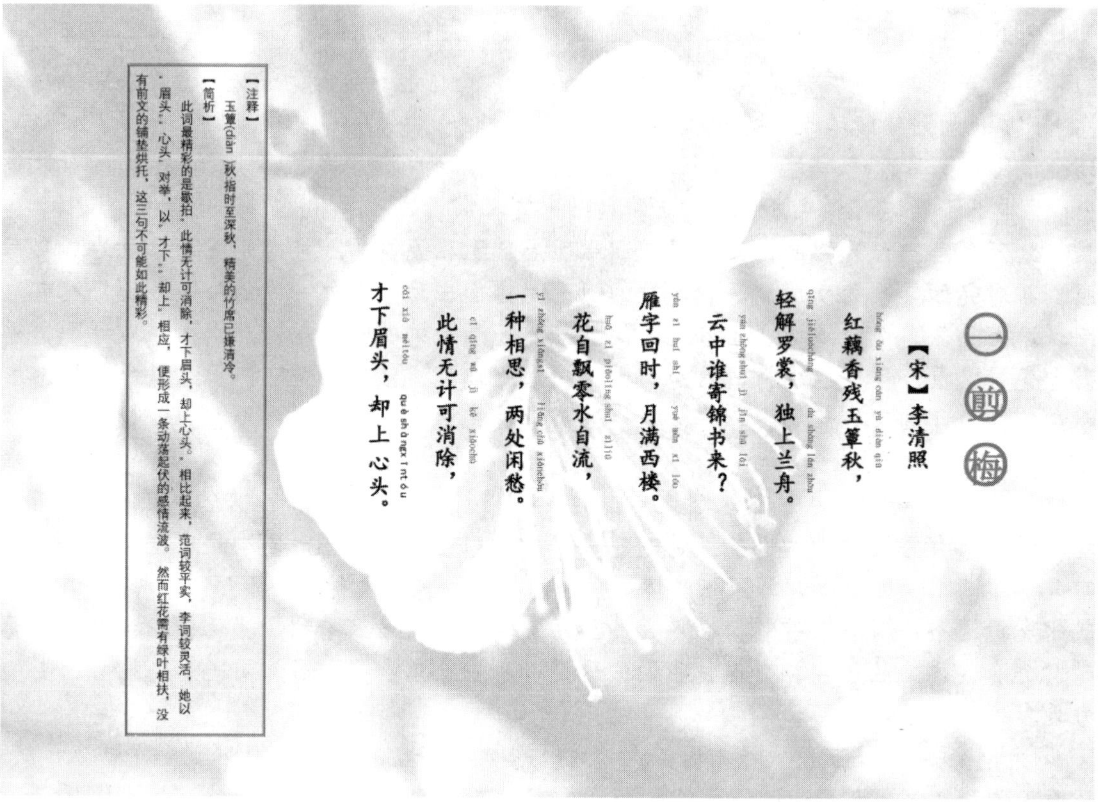

图 3-19

该习题需要输入的内容如下。

一剪梅

李清照【宋】

红藕香残玉簟秋。轻解罗裳，独上兰舟。云中谁寄锦书来？雁字回时，月满西楼。

花自飘零水自流。一种相思，两处闲愁。此情无计可消除，才下眉头，却上心头。

【注释】

玉簟（diàn）秋：指时至深秋，精美的竹席已嫌清冷。

【简析】

此词最精彩的是歇拍“此情无计可消除，才下眉头，却上心头。”相比起来，范词较平实，李词较灵活，她以“眉头”“心头”对举，以“才下”“却上”相应， 便形成一条动荡起伏的感情流波。然而红花需有绿叶相扶，没有前文的铺垫烘托，这三句不可能如此精彩。

习题 19　书签及超链接的应用

操作要求：相关素材在“教学资源库\习题册\模块 3\19”文件夹中。

1．将全文的段落格式设置为“首行缩进”“2 字符”；设置第一段文字的间距，段前间距为“0.5 行”，行距为“1.5 倍行距”。

全文如下。

江西生物科技职业学院是经江西省人民政府批准，国家教育部备案的一所全日制公办的普通高等院校，是唯一一所以生物科技为特色的高等职业学院。

专业设置如下：

宠物临床诊疗技术；畜牧兽医；水产养殖技术；饲料与动物营养。

计算机应用技术；物联网应用技术；广告设计与制作；动漫制作技术。

物流管理；商务英语；农业经济管理；电子商务。

园林技术；城乡规划；建筑工程技术。

宠物临床诊疗技术

面向宠物行业、宠物疾病防治岗位群，从事宠物疾病仪器诊断、宠物疾病实验室检验、宠物内科疾病诊治、宠物外科疾病诊治和宠物疫病防治等工作。

畜牧兽医

适于畜牧行政管理部门、各级畜牧兽医站、饲料公司等单位的技术工作和管理工作。

计算机应用技术

适于各类计算机公司、各级行政管理部门、广告设计公司、室内外装潢公司等单位以及计算机产品生产、技术服务等岗位的技术工作和管理工作。

动漫制作技术

本专业主要培养从事环境设计和产品设计及动画设计方面的专业人才。

城乡规划

本专业毕业生主要面向城乡建设和管理、城乡规划管理、城镇游憩系统规划、设计、施工和管理，居住区规划、新农村建设等岗位。

建筑工程技术

本专业毕业生主要面向建筑施工企业、监理公司等单位，从事建筑施工企业内外业技术，建筑工程项目的设计等相关工作。

2．在第 3~6 段中，在每行的专业名称前添加实心圆点项目符号。将“专业设置如下”设置为“淡蓝色”底纹，并在文字下方添加深蓝色实线，将文字分散对齐。

3．分别给各专业名称添加“绿色”“海绿色”“蓝绿色”“宝石蓝色”“天蓝色”“淡蓝色”的底纹。

4．将第 7～18 段分为三栏，并添加分隔线。

5．分别在第 7～18 段中的标题“宠物临床诊疗技术”“动漫制作技术”“城乡规划”前创建书签 B1、B2、B3，然后分别在第 3～6 段中的文字“动物临床诊疗技术”“动漫制作技术”“城乡规划”上创建超链接，将其分别链接到相应的书签中。将首句“江西生物科技职业学院” 链接到学校官方网站的主页。

6．插入“学校图片.jpg”，作为标题，设置高度为“2.59 厘米”，宽度为“15 厘米”；设置“文字环绕”方式为“上下型环绕”；在文章最后插入“习题 7.jpg”，设置高度为“2.75 厘米”，宽度为“14.63 厘米”。

本习题的最终效果如图 3-20 所示。

江西生物科技职业学院是经江西省人民政府批准，国家教育部备案的一所全日制公办的普通高等院校，是唯一一所以生物科技为特色的高等职业学院。

专　业　设　置　如　下：

- 宠物临床诊疗技术；畜牧兽医；水产养殖技术；饲料与动物营养。
- 计算机应用技术；物联网应用技术；广告设计与制作；动漫制作技术。
- 物流管理；商务英语；农业经济管理；电子商务。
- 园林技术；城乡规划；建筑工程技术。

宠物临床诊疗技术

面向宠物行业、宠物疾病防治岗位群，从事宠物疾病仪器诊断、宠物疾病实验室检验、宠物内科疾病诊治、宠物外科疾病诊治和宠物疫病防治等工作。

畜牧兽医

适于畜牧行政管理部门、各级畜牧兽医站、饲料公司等单位的技术工作和管理工作。

计算机应用技术

适于各类计算机公司、各级行政管理部门、广告设计公司、室内外装潢公司等单位以及计算机产品生产、技术服务等岗位的技术工作和管理工作。

动漫制作技术

本专业主要培养从事环境设计和产品设计及动画设计方面的专业人才。

城乡规划

本专业毕业生主要面向城乡建设和管理、城乡规划管理、城镇游憩系统规划、设计、施工和管理，居住区规划、新农村建设等岗位。

建筑工程技术

本专业毕业生主要面向建筑施工企业、监理公司等单位，从事建筑施工企业内外业技术，建筑工程项目的设计等相关工作。

图 3-20

习题 20　邮件合并

操作要求：

1．按下列要求制作一个信封。

（1）信封尺寸为 176mm×125mm。

（2）设置收信人家庭地址的字体格式为“黑体”“四号”，该字段距信封的左边缘 3cm；距信封的上边缘 7cm。

（3）设置收信人邮编的字体格式为“黑体”“四号”，该字段距信封的左边缘 3cm；距信封的上边缘 3cm。

（4）设置寄信人公司的字体格式为“仿宋”“小四”，该字段距信封的右边缘 3cm；距信封的下边缘 7cm。

（5）设置寄信人邮编的字体格式为“仿宋”“小四”，该字段距信封的右边缘 3cm；距信封的下边缘 3cm。

（6）设置收件人姓名的字体格式为“黑体”“加粗”“三号”“居中”，该字段之后跟“同志收”三字。

（7）用 Excel 制作如表 3-1 所示的客户通信录。

表 3-1　客户通信录

姓名	性别	公司	家庭地址	邮编	E-mail
夏青	男	电子工业出版社	北京市丰台区万丰路 18 号	100036	li@hotmail.com
朱晓春	男	正和协同信息技术发展有限公司	上海市徐汇区桂林路 2 号	200233	zheng@hotmail.com
龙小花	女	微软（中国）有限公司	北京市海淀区学院路 1 号	100083	zhang@hotmail.com
叶重庆	男	天津广播电视大学	天津市南开区迎水道 1 号	300191	wang@hotmail.com
曾虹	女	科学出版社	北京市海淀区知春路 49 号	100086	zhenghong@126.com
于艳	女	江西生物科技职业学院	南昌市北京东路 59 号	330046	yuyai@126.com
应梦娴	女	江西农业科学院	南昌市解放西路 60 号	330002	yimongxiang@126.com
章璐	女	上海高新技术有限公司	上海市浦东新区锦绣路 3 号	200127	zi@sina.com

2．利用邮件合并功能，将“客户通信录”的姓名、家庭地址、邮编自动合并到信封中，效果如图 3-21 所示。

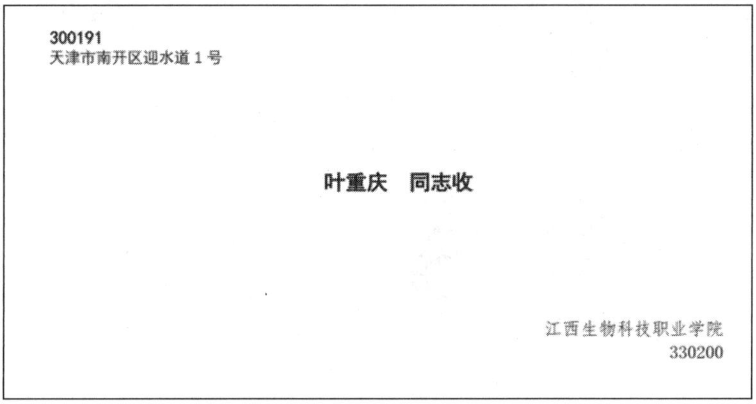

图 3-21

习题 21　空城计

操作要求：相关素材在“教学资源库\习题册\模块 3\21”文件夹中。

1．在 D 盘中新建名为“空城计.doc”的文档。输入如下文字。

三国时期，诸葛亮因错用马谡而失掉战略要地——街亭，魏将司马懿乘势引大军 15 万向诸葛亮所在的西城蜂拥而来。当时，诸葛亮身边没有大将，只有一班文官，所带领的 5000 人的军队，也有一半士兵运粮草去了，只剩 2500 名士兵在城里。众人听到司马懿带兵前来的消息都大惊失色。诸葛亮登城楼观望后，对众人说：“大家不要惊慌，我略用计策，便可让司马懿退兵。”

于是，诸葛亮传令，把所有的旌旗都藏起来，士兵原地不动，如果有私自外出以及大声喧哗的，立即斩首。又叫士兵把四个城门打开，每个城门内外派 20 名士兵扮成百姓模样，洒水扫街。诸葛亮自己披上鹤氅，戴上高高的纶巾，领着两个小书童，带上一张琴，到城上望敌楼前凭栏坐下，燃起香，然后慢慢弹起琴来。

司马懿的先头部队到达城下，见了这种气势，都不敢轻易入城，便急忙返回报告司马懿。司马懿听后，笑着说："这怎么可能呢?"于是便令三军停下，自己飞马前去观看。离城不远，他果然看见诸葛亮端坐在城楼上，笑容可掬，正在焚香弹琴。左面一个书童，手捧宝剑；右面也有一个书童，手里拿着拂尘。城门内外，20 多个百姓模样的人在低头洒扫，旁若无人。司马懿看后，疑惑不已，便来到中军，令后军充作前军，前军作后军撤退。他的二子司马昭说："莫非是诸葛亮家中无兵，所以故意弄出这个样子来？父亲您为什么要退兵呢？"司马懿说："诸葛亮一生谨慎，不曾冒险。现在城门大开，里面必有埋伏，我军如果进去，正好中了他们的计。还是快快撤退吧!"于是各路兵马都退了回去。

2．将正文中所有的"诸葛亮"的字体格式设置为"华文新魏""绿色""小四"，将"司马懿"的字体格式设置为"华文新魏""紫罗兰色""加粗""小四"。

3．插入"空城计.jpg"。设置图片的大小，将高度设置为"4 厘米"，将宽度设置为"6 厘米"，设置图片的"环绕文字"方式为"四周型"，并将其放置于文档的左上角。

4．插入艺术字"空城计"。将该艺术字的"文字方向"设置为"垂直"，设置其"环绕文字"方式为"紧密型"。将艺术字"空城计"填充为"绿色"，并添加阴影效果。

5．在正文之后插入尾注，并给尾注添加灰色底纹。将底纹的边框粗细设置为"3 磅"，将边框颜色设置为"蓝色"，为边框添加阴影效果。

在第一段的第一个"诸葛亮"之后插入脚注。

本习题的最终效果如图 3-22 所示。

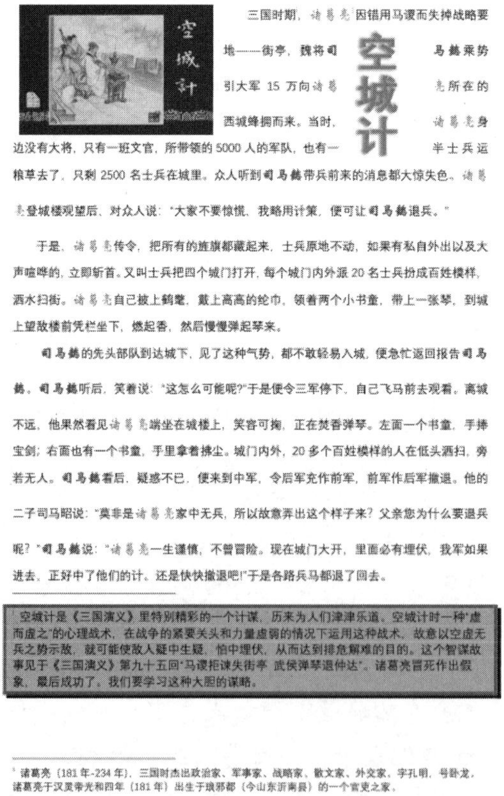

空城计

三国时期，诸葛亮因错用马谡而失掉战略要地——街亭，魏将司马懿乘势引大军 15 万向诸葛亮所在的西城蜂拥而来。当时，诸葛亮身边没有大将，只有一班文官，所带领的 5000 人的军队，也有一半士兵运粮草去了，只剩 2500 名士兵在城里。众人听到司马懿带兵前来的消息都大惊失色。诸葛亮登城楼观望后，对众人说："大家不要惊慌，我略用计策，便可让司马懿退兵。"

于是，诸葛亮传令，把所有的旌旗都藏起来，士兵原地不动，如果有私自外出以及大声喧哗的，立即斩首。又叫士兵把四个城门打开，每个城门内外派 20 名士兵扮成百姓模样，洒水扫街。诸葛亮自己披上鹤氅，戴上高高的纶巾，领着两个小书童，带上一张琴，到城上望敌楼前凭栏坐下，燃起香，然后慢慢弹起琴来。

司马懿的先头部队到达城下，见了这种气势，都不敢轻易入城，便急忙返回报告司马懿。司马懿听后，笑着说："这怎么可能呢?"于是便令三军停下，自己飞马前去观看。离城不远，他果然看见诸葛亮端坐在城楼上，笑容可掬，正在焚香弹琴。左面一个书童，手捧宝剑；右面也有一个书童，手里拿着拂尘。城门内外，20 多个百姓模样的人在低头洒扫，旁若无人。司马懿看后，疑惑不已，便来到中军，令后军充作前军，前军作后军撤退。他的二子司马昭说："莫非是诸葛亮家中无兵，所以故意弄出这个样子来？父亲您为什么要退兵呢？"司马懿说："诸葛亮一生谨慎，不曾冒险。现在城门大开，里面必有埋伏，我军如果进去，正好中了他们的计。还是快快撤退吧!"于是各路兵马都退了回去。

空城计是《三国演义》里特别精彩的一个计谋，历来为人们津津乐道。空城计时一种"虚而虚之"的心理战术，在战争的紧要关头和力量虚弱的情况下运用这种战术，故意以空虚无兵之势示敌，就可能使敌人疑中生疑，怕中埋伏，从而达到排危解难的目的。这个智谋故事见于《三国演义》第九十五回"马谡拒谏失街亭 武侯弹琴退仲达"。诸葛亮冒死作出假象，最后成功了。我们要学习这种大胆的谋略。

[1] 诸葛亮（181 年-234 年），三国时杰出政治家、军事家、战略家、散文家、外交家，字孔明，号卧龙，诸葛亮于汉灵帝光和四年（181 年）出生于琅琊郡（今山东沂南县）的一个官吏之家。

图 3-22

习题 22 割席断交

操作要求：相关素材在“教学资源库\习题册\模块 3\22”文件夹中。

1．在 E 盘中新建文档。输入如下文字。

管宁和华歆（xīn）在年轻的时候，是一对非常要好的朋友。他俩成天形影不离，同桌吃饭、同榻读书、同床睡觉，相处得很和谐。

有一次，他俩一块儿去劳动，在菜地里锄草。管宁抬起锄头，一锄下去，碰到了一个硬东西。管宁定睛一看，是一块黄金，他就自言自语地说了句：“我当是什么硬东西呢，原来是锭金子。”接着，他不再理会了，继续锄草。不远处的华歆听到这话，不由得心里一动，赶紧丢下锄头跑了过来，拾起金块捧在手里仔细端详。管宁见状，责备华歆说：“钱财应该靠自己的辛勤劳动去获得，一个有道德的人是不可以贪图不劳而获的财物的。”华歆听了，口里说：“这个道理我也懂。”手里却还捧着金子怎么也舍不得放下。他心里还在惦记金子，干活也没有先前努力，还不住地唉声叹气。管宁见他这个样子，暗暗地摇头。

又有一次，他们两人坐在一张席子上读书。正看得入神，忽然外面沸腾起来，一片鼓乐之声。于是管宁和华歆就起身走到窗前去看究竟发生了什么事。

原来是一位达官显贵乘车从这里经过。一大队随从佩带着武器、穿着统一的服装前呼后拥地保卫着车子，威风凛凛。管宁对于这些很不以为然，又回到原处捧起书专心致志地读起来。

华歆却不是这样，他嫌在屋里看不清楚，干脆连书也不读了，急急忙忙地跑到街上去跟着人群尾随车队仔细观看。

管宁目睹了华歆的所作所为，再也抑制不住心中的叹惋和失望。等到华歆回来以后，管宁就拿出刀子当着华歆的面把席子从中间割成两半，痛心而决绝地宣布：“我们两人的志向和情趣太不一样了。从今以后，我们就像这被割开的草席一样，再也不是朋友了。”

2．设置全文的段落格式为“首行缩进”“0.75 厘米”。

3．设置第二段和第三段文字的“行距”为“2 倍行距”。插入“割席断交.jpg”，并将图片放于第二段文字中。

4．为最后一段文字添加浅黄色的底纹，设置底纹的边框粗细为“3 磅”，边框颜色为“黄色”，为边框添加阴影效果。

5．添加文本框，在其中输入标题“割席断交”，将文本框放于第一段和第二段文字之间，不要遮挡正文的文字，设置“割席断交”的字体格式为“黑体”“加粗”“分散对齐”“紫罗兰色”。给文本框添加颜色为“绿色”，粗细为“6 磅”的圆点边框。将文本框填充为“灰色”。

6．设置页眉为艺术字“成语故事”，并将其放于页面的右上角。为艺术字添加粗细为“4.5 磅”的虚线下画线。

本习题的最终效果如图 3-23 所示。

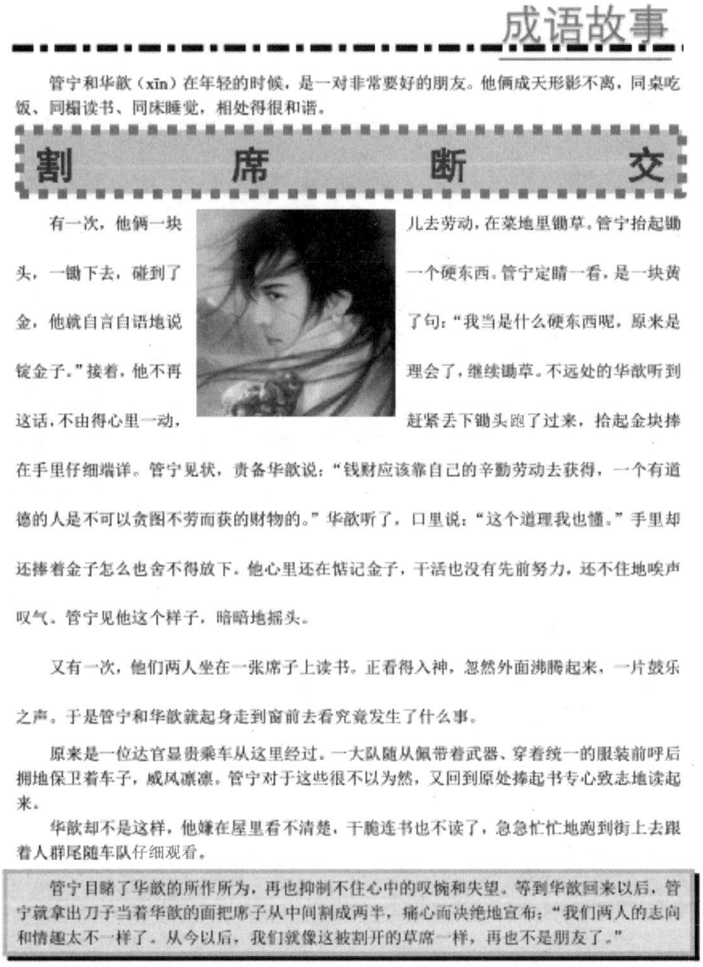

成语故事

管宁和华歆（xīn）在年轻的时候，是一对非常要好的朋友。他俩成天形影不离，同桌吃饭、同榻读书、同床睡觉，相处得很和谐。

割　　席　　断　　交

有一次，他俩一块儿去劳动，在菜地里锄草。管宁抬起锄头，一锄下去，碰到了一个硬东西。管宁定睛一看，是一块黄金，他就自言自语地说了句：“我当是什么硬东西呢，原来是锭金子。”接着，他不再理会了，继续锄草。不远处的华歆听到这话，不由得心里一动，赶紧丢下锄头跑了过来，拾起金块捧在手里仔细端详。管宁见状，责备华歆说：“钱财应该靠自己的辛勤劳动去获得，一个有道德的人是不可以贪图不劳而获的财物的。”华歆听了，口里说：“这个道理我也懂。”手里却还捧着金子怎么也舍不得放下。他心里还在惦记金子，干活也没有先前努力，还不住地唉声叹气。管宁见他这个样子，暗暗地摇头。

又有一次，他们两人坐在一张席子上读书。正看得入神，忽然外面沸腾起来，一片鼓乐之声。于是管宁和华歆就起身走到窗前去看究竟发生了什么事。

原来是一位达官显贵乘车从这里经过。一大队随从佩带着武器、穿着统一的服装前呼后拥地保卫着车子，威风凛凛。管宁对于这些很不以为然，又回到原处捧起书专心致志地读起来。

华歆却不是这样，他嫌在屋里看不清楚，干脆连书也不读了，急急忙忙地跑到街上去跟着人群尾随车队仔细观看。

管宁目睹了华歆的所作所为，再也抑制不住心中的叹惋和失望。等到华歆回来以后，管宁就拿出刀子当着华歆的面把席子从中间割成两半，痛心而决绝地宣布：“我们两人的志向和情趣太不一样了。从今以后，我们就像这被割开的草席一样，再也不是朋友了。”

图 3-23

习题 23　制作试卷

操作要求：

1．创建空白模板。

2．设置上、下、左、右页边距均为“2 厘米”，设置“纸张方向”为“横向”，设置“纸张大小”为“A4”。

3．插入竖排文本框，调整其高度。在“文本框”中输入“姓名：__________”“学号：__________”“班级：__________”“学校：__________”等卷头字样。

4．插入竖排文本框，输入“装订线”字样。放在第一个文本框旁边。

5．设置分栏，注意试卷标题不能分栏，分栏必须设在试卷标题的下面。

6．按题目内容命题。录制一个名为“排版选择题选项”的统一格式的新“宏”，并运行这个“宏”。

本习题的最终效果如图 3-24 所示。

姓名：＿＿＿＿＿＿ 学号：＿＿＿＿＿＿ 班级：＿＿＿＿＿＿ 学校：＿＿＿＿＿＿

装　　订　　线

×××学院计算机应用专业高等数学期末考试试卷

一、单项选择题（每小题 4 分，共 20 分）

1. 下列函数中，（　）为偶函数。

A. xe^{-x}　　B. xcos x

C. xsin x　　D. $\frac{\sin x}{1+x^2}$

2. 下列各对函数中，（　）中的两个函数相等

A. $f(x) = 1gx^2, g(x) = 2lgx$　　B. $f(x) = \sqrt{x}^2, g(x) = (\sqrt{x})^2$

C. $f(x) = \cos x, g(x) = \sqrt{1 - sin^2 x}$　　D. $f(x) = \sin 2x, g(x) = 2\sin x \cos x$

3. 下列积分值为 0 的是（　）。

A. $\int_{-1}^{1} \frac{x^2}{1+x^2} dx$　　B. $\int_{-1}^{1} e^{-x^2} dx$

C. $\int_{-1}^{1} \cos x \, dx$　　D. $\int_{-1}^{1} \frac{x}{1+x^2} dx$

4. 下列极限结果正确的是（　）。

A. $\lim_{X \to 0} x \sin\frac{1}{x}$　　B. $\lim_{x\to\infty} \frac{\sin x}{x} = 1$　$\lim_{x\to\infty}(1+\frac{1}{x})^{-1} = e$

C. $\lim_{n\to\infty}\left(1+\frac{1}{x}\right)^{x} = e$

5. 当$x \to 0$时，下列变量（　）为无穷小量。

A. $f(x) = \frac{\text{tg}\,x}{x}$　　B. $f(x) = \frac{\sin x}{x}$

C. $f(x) = \text{tg}\,x$　　D. $f(x) = e^{x^2}$

二、填空题（每小题 5 分，共 20 分）

1. 函数$f(x) = 1/1g(x-1) + \sqrt{3-x}$的定义域为（　）。

2. 已知$f(x) = \frac{x-1}{x}, (x \neq 0)$, 则$f[f(x)] =$（　）。

3. 函数$y = e^{x^2}$的单调递增区间为（　）。

4. 曲线$y = 1/x$在（1，1）点处的切线方程为（　）。

三、计算下列极限（每小题 15 分，共 30 分）

1. $\lim_{x\to 0}\frac{\sin 2x}{3x}$　　2. $\lim_{x\to 0}(1+2x)^{\frac{1}{x}}$

四、计算下列各题（每小题 15 分，共 30 分）

1. $y = e^x \sin^2 x$, 求y'。

2. 设$y = \ln tg\sqrt{x}$, 求dy。

图 3-24

习题 24　古代的火炬传递

操作要求：相关素材在“教学资源库\习题册\模块 3\24”文件夹中。

1．插入“奥运圣火 1.jpg”，对图片进行适当裁剪，放在页面的顶部。插入艺术字“古代的火炬传递”作为标题。

2．插入竖排文本框并输入正文的第一段文字，设置文字的字体格式为“黑体”“小四”。给文本框添加“花束”的填充效果，文本框的边框粗细设置为“3 磅”，边框颜色设置为“淡紫色”，并为边框添加“右上斜”阴影效果。将文本框放于标题的下方，页面的左侧。

3．插入“奥运圣火 2.jpg”，对图片进行适当裁剪，并为边框添加“左上斜”阴影效果，设置“环绕文字”方式为“紧密型”，将该图片放于页面的右下方。

4．将正文末尾有关“获奖情况”的内容转换成表格形式，并在表格上方添加标题“中国运动员在第 25～28 届夏季奥运会的获奖情况”，设置标题的字体格式为“水平居中”“黑体”“加粗”“三号”“梅红色”，并添加阴影效果。

5．在标题“中国运动员在第 25～28 届夏季奥运会的获奖情况”上添加批注，内容为“请把以下内容转换成表格形式”。

6．在文末插入“奥运圣火 3.jpg”，对图片进行适当裁剪，并调整其位置。

本习题的最终效果如图 3-25 所示。

该习题需要输入的内容如下。

古代的火炬传递

作为一种神圣的象征，火的历史可以追溯到史前。火在希腊历史上代表着创世、再生和光明。在希腊神话中，火是赫菲斯托斯的神圣象征，是普罗米修斯从宙斯手中偷得赠送给人类的礼物。

在每个古希腊城邦的中心，都有一个燃烧长明圣火的祭坛，而城邦居民每家每户也都有长明圣火，以供奉女灶神赫斯提亚。火炬传递最早在古希腊是一种夜晚举行的宗教仪式，后来就逐渐转变为青少年参与的一种团体竞技运动，并最终演化成了最流行的古希腊体育项目之一。

在古奥林匹亚城的议事大厅有一个供奉赫斯提亚的祭坛，祭坛的圣火是用凹面镜聚焦太阳光点燃的。圣火永不熄灭。采集圣火的过程非常简单，但是能够给人留下深刻的印象。凹面镜能够将太阳光汇集到焦点，最高女祭司将火炬伸到焦点处，就能够将其点燃。

古希腊人举行火炬传递比赛，参赛者须传递火炬直到终点。古希腊火炬传递的宗教仪式每四年举行一次以祭奠女神雅典娜。圣火由火炬手用最快捷的方式进行传递。火炬传递的起点是普罗米修斯的祭坛，终点是设于古雅典卫城的女神雅典娜祭坛。当时的火炬传递由 40 位来自 10 个雅典人部落的青年完成，全程共 2.5 公里。

现代奥林匹克圣火点燃仪式与古希腊的圣火点燃仪式基本相同，圣火是由女祭司在奥林匹亚遗址点燃的，同时宣读运动员誓言。随后奥运圣火将被授予第一位火炬手，这也标志着火炬传递的正式开始。至今，奥运火炬传递的精神仍然影响并打动着千千万万人的心。

分类	第 25 届奥运会	第 26 届奥运会	第 27 届奥运会	第 28 届奥运会
金牌	16	16	28	32
银牌	22	22	16	17
铜牌	16	12	15	14

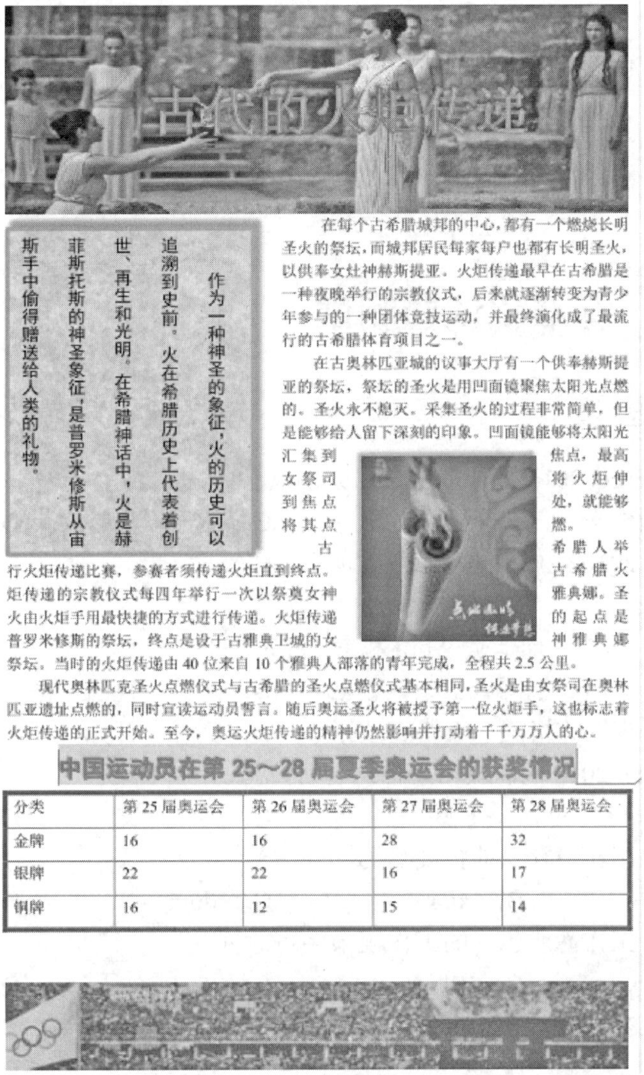

古代的火炬传递

作为一种神圣的象征，火的历史可以追溯到史前。火在希腊历史上代表着创世、再生和光明。在希腊神话中，火是赫菲斯托斯的神圣象征，是普罗米修斯从宙斯手中偷得赠送给人类的礼物。

在每个古希腊城邦的中心，都有一个燃烧长明圣火的祭坛，而城邦居民每家每户也都有长明圣火，以供奉女灶神赫斯提亚。火炬传递最早在古希腊是一种夜晚举行的宗教仪式，后来就逐渐转变为青少年参与的一种团体竞技运动，并最终演化成了最流行的古希腊体育项目之一。

在古奥林匹亚城的议事大厅有一个供奉赫斯提亚的祭坛，祭坛的圣火是用凹面镜聚焦太阳光点燃的。圣火永不熄灭。采集圣火的过程非常简单，但是能够给人留下深刻的印象。凹面镜能够将太阳光汇集到焦点，最高女祭司将火炬伸到焦点处，就能够将其点燃。古希腊人举行火炬传递比赛，参赛者须传递火炬直到终点。古希腊火炬传递的宗教仪式每四年举行一次以祭奥女神雅典娜。圣火由火炬手用最快捷的方式进行传递。火炬传递的起点是普罗米修斯的祭坛，终点是设于古雅典卫城的女神雅典娜祭坛。当时的火炬传递由 40 位来自 10 个雅典人部落的青年完成，全程共 2.5 公里。

现代奥林匹克圣火点燃仪式与古希腊的圣火点燃仪式基本相同，圣火是由女祭司在奥林匹亚遗址点燃的，同时宣读运动员誓言。随后奥运圣火将被授予第一位火炬手，这也标志着火炬传递的正式开始。至今，奥运火炬传递的精神仍然影响并打动着千千万万人的心。

中国运动员在第 25～28 届夏季奥运会的获奖情况

分类	第 25 届奥运会	第 26 届奥运会	第 27 届奥运会	第 28 届奥运会
金牌	16	16	28	32
银牌	22	22	16	17
铜牌	16	12	15	14

图 3-25

模块 4

Excel 数据管理与分析

学习情境一：标准化试题测试

一、单项选择题

1．Microsoft Excel 2016 是处理（　　）的软件。

A．数据制作报表　B．图像效果　C．图形设计方案　D．文字编辑排版

2．使用 Excel 2016 生成的电子表格，可以被称为（　　）。

A．工作表　B．工作簿　C．文档　D．单元格

3．下面“（　　）”选项卡是 Word 和 Excel 都有的。

A．文件、编辑、视图、工具、数据　B．文件、视图、格式、表格、数据

C．插入、视图、格式、表格、数据　D．文件、开始、视图、格式、工具

4．要获得 Excel 2016 的联机帮助信息，可以按（　　）键。

A．Esc　B．F10　C．F1　D．F3

5．Excel 2016 工作簿默认的扩展名为（　　）。

A．.docx　B．.xlsx　C．.dotx　D．.xltx

6．Excel 2016 工作簿所包含的工作表最多可达（　　）个。

A．256　B．128　C．255　D．64

7．启动 Excel 2016 后，其默认的工作表有（　　）个。

A．16　B．8　C．32　D．3

8．在 Excel 2016 工作表中，不正确的单元格地址为（　　）。

A．C$66　B．$C66　C．C6$6　D．$C$66

9. 在 Excel 2016 工作表中，在某单元格内输入数值 123，不正确的输入形式为（　　）。

A．123　B．=123　C．+123　D．*123

10．在 Excel 2016 工作表中进行智能填充时，鼠标指针的形状为（　　）。

A．空心粗十字　B．向左上方的箭头

C．实心细十字　D．向右上方的箭头

11．下列关于在 Excel 2016 工作簿中移动和复制工作表的说法中，正确的是（　　）。

A．工作表只能在所在的工作簿内移动，不能复制
B．工作表只能在所在的工作簿内复制，不能移动
C．工作表可以移动到所在的工作簿内，但不能复制到其他工作簿内
D．工作表可以移动到所在的工作簿内，也可以复制到其他工作簿内

12．在 Excel 2016 中，选择多个连续工作表的正确步骤是（　　）。
① 按住 Shift 键不放
② 选择第 1 个工作表的标签
③ 选择最后一个工作表的标签
A．①②③　　B．②①③　　C．③②①　　D．①③②

13．在 Excel 2016 中，当初次保存了工作簿后，对工作簿文件进行修改后再保存可通过按（　　）组合键来实现。
A．Ctrl+S　　B．Alt+S　　C．Ctrl+A　　D．Alt+A

14．在 Excel 2016 工作表中，活动单元格只能是（　　）。
A．选定的一行　　B．选定的一列　　C．一个　　D．选定的整个区域

15．Excel 工作簿模板文件的扩展名为（　　）。
A．.docx　　B．.dotx　　C．xlsx　　D．.xltx

16．在 Excel 工作表的单元格中输入数字字符串 100083（邮政编码）时，应输入（　　）。
A．100083　　B．'100083　　C．'100083　　D．100083'

17．若关闭工作簿，但不想退出 Excel 应用程序，则可以（　　）。
A．执行“文件”→“关闭”菜单命令　B．执行“文件”→“退出”菜单命令
C．执行“窗口”→“退出”菜单命令　D．执行“窗口”→“关闭”菜单命令

18．Excel 2016 工作表的名称 Sheet1，Sheet2，Sheet3……是（　　）。
A．工作表标签　　B．工作簿名称　　C．单元名称　　D．菜单

19．在 Excel 2016 中选定单元格区域的方法为选中区域内的某个角的单元格，按住（　　）不放，再选定区域内的对角单元格。
A．Alt 键　　B．Ctrl 键　　C．Shift 键　　D．任意键

20．复制选定的单元格数据时，需要按住（　　）键并拖动鼠标。
A．Shift　　B．Ctrl　　C．Alt　　D．Esc

21．在 Excel 2016 中，字符型数据默认的显示方式是（　　）。
A．中间对齐　　B．右对齐　　C．左对齐　　D．自定义

22．在 Excel 2016 中，行号是以（　　）排列的。
A．英文字母序列　B．阿拉伯数字　　C．汉语拼音　　D．任意确定

23．在 Excel 2016 中，单元格的地址是由（　　）表示的。
A．列标和行号　　B．行号　　C．列标　　D．任意确定

24．在 Excel 2016 中，下列单元格地址中属于绝对地址的是（　　）。
A．E9　　B．H6　　C．E$3　　D．$C7

25．在 Excel 2016 中，选定不连续的单元格区域的方法为选定一个单元格区域，按住（　　）不放，再选定其他单元格或单元格区域。
A．Shift 键　　B．Ctrl 键　　C．Alt 键　　D．任意键

26．在 Excel 2016 工作表中，（　　）是单元格的混合引用格式。

A．B10　　B．B10　　C．B$10　　D．以上都不是

27．复制单元格数据的组合键为（　　）。

A．Ctrl+X　　B．Ctrl+V　　C．Ctrl+Y　　D．Ctrl+C

28．非当前工作表 Sheet3 的 B5 单元格的地址应表示为（　　）。

A．Sheet3.B5　　B．Sheet3!B5　　C．B5! Sheet3　　D．Sheet3\B5

29. 在 Excel 中可以创建多个工作表，每个表由多行多列组成，它的最小单位是（　　）。

A．工作簿　　B．工作表　　C．单元格　　D．字符

30．如果希望打印内容处于页面中心，那么可以在页面设置中设置（　　）格式。

A．水平居中　　B．垂直居中　　C．无法办到　　D．水平和垂直居中

31．为了输入一批有规律的递减数据，在使用填充柄时，应先选定（　　）。

A．有关系的相邻区域　　B．任意有值的一个单元格

C．不相邻的区域　　D．不要选择任意区域

32．在 Excel 中，如果要删除整个工作表，则正确的操作步骤是（　　）。

A．选定要删除工作表的标签，再按 Delete 键

B．选定要删除工作表的标签，按住 Shift 键不放，再按 Delete 键

C．选定要删除工作表的标签，按住 Ctrl 键不放，再按 Delete 键

D．选定要删除工作表的标签，在“开始”选项卡的“单元格”组中，选择“删除”→“删除工作表”选项

33．在 Excel 中，如果工作表被误删除，则使用“常用”工具栏的“撤销”按钮，（　　）恢复工作表。

A．可以　　B．不可以　　C．不一定可以　　D．不一定不可以

34．在 Excel 的工作表中，输入数据后，若要确认输入数据，则可以按 Enter 键或单击编辑栏的（　　）按钮。

A．　　B．　　C．　　D．

35．在 Excel 2016 的单元格区域的表示方法中，区域符号用冒号表示，通常的格式为“第 1 单元格地址:第 2 单元格地址”，以 A1 和 C5 为对角所形成的矩形区域的表示方法是（　　）。

A．A1:C5　　B．C5;A1　　C．A1+C5　　D．A1,C5

36．在 Excel 2016 的单元格中，公式必须以（　　）开头。

A．等号　　B．SUM　　C．加号　　D．单元格地址

37．公式“=SUM(C2:C6)”的作用是（　　）。

A．求 C2～C6 这 5 个单元格的数据之和

B．求 C2 和 C6 这两个单元格的数据之和

C．求 C2 与 C6 这两个单元格的数据的比值

D．以上说法都不对

38．单元格 E10 的值等于单元格 E5 的值加单元格 E6 的值，在单元格 E10 中输入公式（　　）。

A．=E5+E6　　B．=E5∶E6　　C．E5+E6　　D．E5∶E6

39. 对工作表中的 A2∶A6 单元格区域进行求和运算，在选定存放计算结果的单元格后，输入（　　）。

A．SUM(A2∶A6)　　B．A2+A3+A4+A5+A6

C．=SUM(A2∶A6)　　D．=SUM(A2, A6)

40. 在公式运算中，如果要引用第 6 行的绝对地址和第 D 列的相对地址，则写为(　　)。

A．6D　　B．D$6　　C．$6$D　　D．$D6

41．在 Excel 2016 的单元格中，下列表达式中，输入错误的是（　　）。

A．=(15-B1)/43　　B．=A2+A3+A4

C．SUM(B2∶C4)/2　　D．=B2/C1

42. 在公式运算中，如果要引用第 6 行的相对地址、第 A 列的绝对地址，则写为(　　)。

A．A6　　B．A$6　　C．$6$A　　D．$A6

43．在 Excel 2016 的工作表中，若要对一个区域中的各行数据求和，应使用（　　）函数，或者单击工具栏的“Σ”按钮进行运算。

A．Average　　B．Sum　　C．Sun　　D．Sin

44．Excel 2016 常用的运算符有引用运算、算术运算、（　　）和比较运算四类。

A．逻辑运算　　B．字符运算　　C．加减运算　　D．乘除运算

45．在编辑栏中输入="97-5-12"-"97-5-10"，将在活动单元格中得到（　　）。

A．41　　B．97-5-10　　C．0-5-10　　D．2

46．如果选定了含有公式的单元格，则在编辑栏中显示（　　）。

A．公式　　B．公式的结果　　C．公式和结果　　D．空白

47．如果在单元格中输入数据“12,345.67”，则 Excel 2016 将把它识别为（　　）数据。

A．文本型　　B．数值型　　C．日期时间型　　D．公式

48．在“页眉/页脚”选项卡中，如果用户想创建页脚，那么可以通过单击“(　　)”按钮来实现。

A．自定义页眉　　B．自定义页脚

C．自定义页眉和页脚　　D．页眉和页脚

49．如果让单元格 A11 的值等于单元格 E5 的值加单元格 E6 的值，则在单元格 A11 中应输入公式（　　）。

A．=E5∶E6　　B．E5+E6　　C．=E5+E6　　D．E5∶E6

50．在 Excel 2016 中对一个工作表进行排序，下列说法中，错误的是（　　）。

A．最多可以指定 3 个关键字

B．可以按指定的关键字排序

C．可以按指定的关键字递减排序

D．以上都不是

51．Excel 正常启动后，自动打开一个名为“工作簿 1”的新工作簿，“工作簿 1”是该工作簿的（　　）。

A．正式文件名　　B．临时文件名　　C．新的文件名　　D．旧的文件名

52．可以激活 Excel 菜单栏的功能键是（　　）。

A．F10　　B．F1　　C．F9　　D．F2

53．在选定一个单元格后，可以在单元格或编辑栏中输入公式，在单元格和编辑栏中都显示公式的内容，输入公式后按 Enter 键或单击编辑栏中的“（　　）”按钮，公式的计算结果将显示在该单元格内。

A．√　　B．=　　C．×　　D．%

54．在 Excel 2016 的工作簿中，不能插入工作表的操作是（　　）。

A．选择“插入”选项卡中的“工作表”选项

B．在工作表的标签上右击，并且选择“插入”选项

C．按 Alt+I 组合键，再输入 W

D．以上都不是

55．在 Excel 中，工作表的编辑栏包括（　　）。

A．名称框　　B．名称框和编辑框

C．状态栏　　D．编辑框

56．要改变数字格式，可以使用“设置单元格格式”对话框中的“（　　）”选项。

A．对齐　　B．文本　　C．数字　　D．字体

57．某个单元格的数值为 1.356 E+08，它与（　　）相等。

A．1.35608　　B．1.3568　　C．6.35608　　D．135600000

58．如果单元格 D2 的值为 6，则函数“=If(D2>8, D2/2, D2*2)”的结果为（　　）。

A．3　　B．6　　C．8　　D．12

59．在 Excel 2016 中，添加填充色是指（　　）。

A．单元格边框的颜色　　B．单元格中字体的颜色

C．单元格区域中的颜色　　D．不是指颜色

60．在 Excel 2016 中，当多个运算符出现在公式中时，各运算符由高到低的优先级是（　　）。

A．括号、%、^、乘除、加减、&、比较符

B．括号、%、^、乘除、加减、比较符、&

C．括号、^、%、乘除、加减、比较符、&

D．括号、^、%、乘除、加减、&、比较符

61．“排序”对话框中的“主要关键字”有（　　）排序方式。

A．递增和递减　　B．递增和不变　　C．递减和不变　　D．递增递减和不变

62．在 Excel 2016 中，改变数据区中的列宽时，应选择“（　　）”选项卡。

A．开始　　B．插入　　C．页面布局　　D．视图

63．如果某单元格内显示若干“#”号（如########），则表示（　　）。

A．公式错误　　B．数据错误　　C．行高不够　　D．列宽不够

64．Excel 2016 的筛选功能包括（　　）和高级筛选。

A．直接筛选　　B．自动筛选　　C．简单筛选　　D．间接筛选

65．在 Excel 2016 的工作表中，为文字添加下画线的组合键是（　　）。

A．Ctrl+A　　B．Ctrl+B　　C．Ctrl+U　　D．Ctrl+I

66．若对工作表 Sheet1 进行复制，则复制后的工作表副本自动取名为（　　）。

A．Sheet1(2)　　B．Sheet(2)　　C．Sheet1(1)　　D．Sheet(12)

67．函数 Count(A1:D3)的返回值是（　　）。其中，第 1、2 行的数据均为数值，第 3 行的数据均为文字。

A．8　　B．12　　C．3　　D．4

68．要对某单元格中的数据加以说明，一般在该单元格插入（　　），然后输入说明性文字。

A．脚注　　B．尾注　　C．题注　　D．批注

69．快速定位到 J135 单元格的方法是（　　）。

A．在文本框中输入 J135　　B．在地址栏中输入 J135

C．在单元格中输入 J135　　D．在名称框中输入 J135

70．在 Excel 2016 中，对数据列表进行分类汇总时，若分类字段未排序，则必须先对作为分类依据的字段进行（　　）操作。

A．筛选　　B．排序　　C．统计　　D．合并

71．在 Excel 2016 中，通过工作表创建的图表有两种，分别为（　　）图表。

A．独立、嵌套式　B．独立、嵌入式　C．组合、嵌入式　D．组合、独立

72．在 Excel 中，图表中的（　　）会随着工作表中数据的改变而发生相应的变化。

A．系列数据的值　B．图例　　C．图表类型　　D．图表位置

73．Excel 2016 提供的图表类型共有（　　）种。

A．5　　B．15　　C．14　　D．11

74．在 Excel 2016 中，假设已输入的数据清单含有字段：学号、姓名和成绩，若希望只显示成绩不及格的学生信息，则可以使用（　　）功能。

A．分类统计　　B．统计　　C．筛选　　D．排序

75．在 Excel 2016 中，公式必须以（　　）开头。

A．×　　B．=　　C．:　　D．;

76．在 Excel 2016 中，AVERAGE(C5:C7)表示（　　）。

A．求 C5、C6、C7 单元格中单元格的个数

B．求 C5、C6、C7 单元格中数值的总和

C．求 C5、C6、C7 单元格中数值的平均值

D．求 C5 和 C7 单元格中数值的平均值

77．下列选项中，可以将工作表页面的打印方向设置为横向的是（　　）。

A．进入“页面设置”对话框的“页面”选项卡，选中“方向”选区的“横向”单选钮。

B．选择“文件”选项卡的“打印预览”选项，选中“方向”选区的“横向”单选钮。

C．进入“页面设置”对话框的“工作表”选项卡，选中“方向”选区的“横向”单选钮。

D．单击快速访问工具栏中的“打印预览”按钮。

二、判断题

1．在 Excel 2016 中，单元格内数据的格式只包括数字格式。（ ）

2．在 Excel 2016 中，函数的输入有两种方法：一种为粘贴函数法，另一种为输入法。（ ）

3．在 Excel 2016 中，若用户在单元格中输入“(5)”，则表示数值 5。（ ）

4．在 Excel 2016 中，若要删除工作表，则应首先选定工作表，然后选择“页面布局”选项卡中的“删除”选项。（ ）

5．要在 Excel 2016 的工作表中插入列，可单击要插入新列的单元格，在“开始”选项卡的“单元格”组中，选择“插入”→“插入工作表列”选项。（ ）

6．在 Excel 2016 的单元格中使用公式时，如果在公式中将一个数除以 0，则单元格内会显示“######”的出错结果。（ ）

7．在 Excel 2016 中，用户可以根据需求对工作表重命名，方法是双击要重命名的工作表标签，工作表标签将突出显示，再输入新的工作表名称，按 Enter 键。（ ）

8．在 Excel 2016 中，图表的大小和类型可以改变。（ ）

9．在 Excel 2016 中，如果工作表的数据比较多，那么可以采用工作表窗口冻结的方法，使标题行或列不随滚动条移动。对于水平和垂直同时冻结的情况，先选择冻结点所在的单元格，再在“视图”选项卡的“窗口”组中，选择“冻结窗格”→“冻结拆分窗格”选项。（ ）

10．在 Excel 2016 中，数据图表的本质是将单元格内的数据以各种统计图表的形式显示或打印，使数据更直观地呈现。当工作表中的数据发生变化时，图表中对应项的图形不会发生变化。（ ）

11．在 Excel 2016 的数据列表中，对数据的排序只能按列进行，如果指定列的数据有相同的部分，那么可以使用多列（次关键字）排序，Excel 2016 允许对不超过 3 列的数据进行排序。（ ）

12．在 Excel 2016 的数据列表中，分类汇总只适用于按一个字段的分类，且数据列表的每列数据必须有列标题，分类汇总前不必对分类字段进行排序。（ ）

13．在 Excel 2016 中，可以将自己喜欢的图片设置为工作表的背景图片。（ ）

14．在 Excel 2016 中，“混合引用”可以只固定行或固定列，没有被固定的部分，依然会依据相对地址调整引用。（ ）

15．在 Excel 2016 中，如果用户只想打印工作表中的部分数据和图表，那么可以设置打印区域，即在“页面布局”选项卡中，选择“打印区域”→“设置打印区域”选项，工作表被保存后，以后再打开时，所设置的打印区域无效。（ ）

16．在 Excel 2016 中，“删除”命令和“删除工作表”命令是等价的。（ ）

17．在 Excel 2016 中，“删除工作表”命令与“删除单元格”命令的功能是相同的。（ ）

18．在 Excel 2016 的“排序”对话框中，只有有标题行和无标题行两种选择。（ ）

19．在 Excel 2016 中，按 Ctrl+S 组合键保存文件时会将原先的文件覆盖。（ ）

20．在 Excel 2016 的数据表中，选定某个有数据的单元格，单击“筛选”按钮后，首行单元格会出现一个下拉箭头，单击下拉箭头，只会出现“全部”和“前十个”两个复选框。（　　）

学习情境二：实训操作测试

习题 1　计算机专业考试成绩单

操作要求：相关素材在“教学资源库\习题集\模块 4\01”文件夹中。

1．启动 Excel 2016，在 Sheet1 工作表中输入如图 4-1 所示的内容。

2．在 A4 单元格中输入学号内容“A-0001”，然后按顺序填充下面的单元格。

3．设置表头格式：选择 A1:E1 单元格区域，对其合并后居中，并设置单元格内的文字的字体格式为“垂直居中”“隶书”“26 磅”“红色”，并为单元格添加“深蓝色”底纹。

4．将 A2、B2、C2 单元格中的内容分别向右移动两个单元格，将 D2 单元格内的日期格式改为“2021 年 7 月 8 日”的类型，并设置单元格的“行高”为 25。

5．设置 C4:E11 单元格区域中的数据“右对齐”，并保留一位小数，其余单元格中的内容“居中对齐”。

6．将“高数”列与“Office 应用”列的位置对调。

7．为“Office 应用”单元格添加批注“练习成绩”。

8．使用条件格式将 C4:E11 单元格区域中成绩大于 90 的单元格填充为绿色，成绩小于 60 的单元格填充为红色、文字设置为白色。

本题的最终效果如图 4-2 所示。

	A	B	C	D	E
1	计算机专业考试成绩单				
2	考试时间	2021/7/8	8:00		
3	学号	姓名	高数	Office应用	c语言
4		揭小财	78	85	78.2
5		刘小明	85.6	85	56.5
6		李细金	32	85	80
7		曾火平	98	85	78
8		吴留华	56	85	46.5
9		黄明富	78.5	85	89
10		谢克辉	58	85	85
11		陈云	75.5	85	86

图 4-1

	A	B	C	D	E
1	计算机专业考试成绩单				
2			考试时间	2021年7月8日	8:00
3	学号	姓名	Office应用	高数	c语言
4	A-0001	揭小财	85.0	78.0	78.2
5	A-0002	刘小明	85.0	85.6	56.5
6	A-0003	李细金	85.0	32.0	80.0
7	A-0004	曾火平	85.0	98.0	78.0
8	A-0005	吴留华	85.0	56.0	46.5
9	A-0006	黄明富	85.0	78.5	89.0
10	A-0007	谢克辉	85.0	58.0	85.0
11	A-0008	陈云	85.0	75.5	86.0

图 4-2

习题 2　阳光水果店价格表

操作要求：相关素材在“教学资源库\习题集\模块 4\02”文件夹中。

1．启动 Excel 2016，在 Sheet1 工作表中输入如图 4-3 所示的内容。

2．设置 Sheet1 工作表不显示网格。

3．将“编号”“货物名称”“规格”“单价”单元格中文字的字体格式设置为“黑体”

"14 磅""加粗""白色"，并将单元格填充为"蓝色"。

4．将"编号"列的单元格格式设置为"文本"。

5．为"编号"单元格添加批注，内容为"这一列为水果编号"。

6．在"单价"列的左边添加一列"进价"，并输入如图 4-4 所示的内容。

7．将 Sheet1 工作表以 A2 单元格为拆分点进行窗口拆分。

8．复制 Sheet1 工作表，并将复制的工作表重命名为"阳光水果店价格表"。

本题的最终效果如图 4-4 所示。

	A	B	C	D
1	阳光水果店价格表			
2	编号	货物名称	规格	单价
3	103792	砀山梨	DB-2	4.45
4	103793	鸭梨	DB-1A	4.56
5	103794	莱阳梨	GB-2A	3.98
6	103796	红富士苹果	GB-3D0	4.65
7	103797	雪梨	GB-1D2	4.25
8	103798	芦柑	PB-3.0	3.9
9	103799	芒果	PB-2.2	3.65
10	103800	雪梨	DB-2A	2.5

图 4-3

	A	B	C	D	E
1	阳光水果店价格表				
2	编号	货物名称	规格	进价	单价
3	103792	砀山梨	DB-2	3.15	4.45
4	103793	鸭梨	DB-1A	3.15	4.56
5	103794	莱阳梨	GB-2A	3.05	3.98
6	103796	红富士苹果	GB-3D0	3.9	4.65
7	103797	雪梨	GB-1D2	3.7	4.25
8	103798	芦柑	PB-3.0	3	3.9
9	103799	芒果	PB-2.2	2.9	3.65
10	103800	雪梨	DB-2A	1.8	2.5

图 4-4

习题 3　广告预算分配方案

操作要求： 相关素材在"教学资源库\习题集\模块 4\03"文件夹中。

1．启动 Excel 2016，在 Sheet1 工作表中输入如图 4-5 所示的内容。

	A	B	C	D	E	F	G	H	I	J	K	L	M
1	广告预算分配方案												
2	项目名称：				费用单位：					计划日期：			
3	时间 内容	第一季度			第二季度			第三季度			第四季度		
4		1	2	3	1	2	3	1	2	3	1	2	3
5	资讯、调研费												
6	创意设计												
7	制作费												
8	媒体发布												
9	促销售点												
10	公关新闻												
11	代理服务费												
12	管理费												
13	其他												
14	合计												

图 4-5

2．设置 Sheet1 工作表中各单元格的格式，参照图 4-5。

3．设置页眉为"2019 年广告预算分配方案表"，并将文字居中对齐。

4．将"制作费"所在的行设置为"隐藏"。

5．为"费用单位："单元格设置超链接。

6．为工作簿设置结构保护，密码为"301"。

7．设置第 1 行为顶端标题行。

8．将 Sheet1 工作表的行号与列标设置为“隐藏”。

本题的最终效果如图 4-6 所示。

A22 ▾ fx

广告预算分配方案												
项目名称:					费用单位:				计划日期:			
时间 内容	第一季度			第二季度			第三季度			第四季度		
	1	2	3	1	2	3	1	2	3	1	2	3
资讯、调研费												
创意设计												
媒体发布												
促销售点												
公关新闻												
代理服务费												
管理费												
其他												
合计												

图 4-6

习题 4 职员通信录

操作要求：相关素材在“教学资源库\习题集\模块 4\04”文件夹中。

1．启动 Excel 2016，在 Sheet1 工作表中输入如图 4-7 所示的内容。

	A	B	C	D	E	F
1	职员通信录					
2	编号	姓名	职务	年龄	联系方式	Email地址
3		杨林	科长	25	138****0123	yan****@163.com
4		李丽	科长	30	135****2110	li****@126.com
5		林明	科长	30	138****5122	lin****@sina.com
6		罗西易	科员	26	139****2111	l****@163.com
7		吴笑笑	主任	25	135****8711	w****@yahoo.com.cn
8		周学军	科员	30	138****3245	z****@126.com

图 4-7

2．在“职员通信录”单元格上方添加一行，设置“行高”为 57。插入一幅剪贴画（自选），将其放置在新增行的左侧，并设置剪贴画的宽度为“2.59 厘米”，高度为“1.98 厘米”。

3．在 A4 单元格中输入“A-001”，然后用填充序列的方式自动填充该列的编号。

4．使用条件格式将 A4:F9 单元格区域中的偶数行单元格填充为“灰色”底纹。其他单元格的格式如图 4-8 所示

5．将所有列的“列宽”设置为最适合的宽度，然后将“年龄”列隐藏。

6．设置每间隔 5 分钟保存自动恢复信息。

7．设置纸张方向为“横向”，纸张大小为“信纸”，上、下页边距为“2 厘米”，左、右页边距为“1.5 厘米”。

8．清除“Email 地址”列中各 Email 的超链接。

本题的最终效果如图 4-8 所示。

	A	B	C	E	F
1					
2	职员通信录				
3	编号	姓名	职务	联系方式	Email地址
4	A-001	杨林	科长	138****0123	yan****@163.com
5	A-002	李丽	科长	135****2110	li****@126.com
6	A-003	林明	科长	138****5122	lin****@sina.com
7	A-004	罗西易	科员	139****2111	l****@163.com
8	A-005	吴笑笑	主任	135****8711	w****@yahoo.com.cn
9	A-006	周学军	科员	138****3245	z****@126.com

图 4-8

习题 5　饮料零售情况统计表

操作要求：相关素材在“教学资源库\习题集\模块 4\05”文件夹中。

1．启动 Excel 2016，在 Sheet1 工作表中输入如图 4-9 所示的内容，并将此工作表重命名为“饮料零售情况统计表”。

	A	B	C	D	E
1	名称	包装单位	零售单价	销售量	销售额
2	可乐	听	3	120	
3	雪碧	听	2.8	98	
4	美年达	听	2.8	97	
5	健力宝	听	2.9	80	
6	红牛	听	6	56	
7	橙汁	听	2.6	140	
8	汽水	瓶	1.5	136	
9	啤酒	瓶	2	110	
10	酸奶	瓶	1.2	97	
11	矿泉水	瓶	2.3	88	

图 4-9

2．在“饮料零售情况统计表”工作表中，使用公式计算“销售额”（销售额＝销售量×零售单价）。

3．在“销售额”的右边插入列，并将此列命名为“排名”。

4．使用 Rank()函数计算“排名”，并将结果放在相应的单元格中。

5．在最后一行数据下方插入“合计”行，并使用 Sum()函数计算“销售额”的“合计”，将结果放在 E13 单元格中。

6．选择 D3:D12 单元格区域，使用条件格式将“销售量”大于 100 的数据的字体格式设置为“红色”。

7．插入新工作表“零售情况统计表”，然后将“饮料零售情况统计表”工作表中的所有数据复制到此工作表中。

8．在“饮料零售情况统计表”工作表右侧的页脚中添加日期。

本题的最终效果如图 4-10 所示。

	A	B	C	D	E	F
1	饮料零售情况统计表					
2	名称	包装单位	零售单价	销售量	销售额	排名
3	可乐	听	3	120	360	2
4	雪碧	听	2.8	98	274.4	4
5	美年达	听	2.8	97	271.6	5
6	健力宝	听	2.9	80	232	6
7	红牛	听	6	56	336	3
8	橙汁	听	2.6	140	364	1
9	汽水	瓶	1.5	136	204	8
10	啤酒	瓶	2	110	220	7
11	酸奶	瓶	1.2	97	116.4	10
12	矿泉水	瓶	2.3	88	202.4	9
13	合计				2580.8	

图 4-10

习题 6　商品销售统计表

操作要求：相关素材在“教学资源库\习题集\模块 4\06”文件夹中。

1．启动 Excel 2016，在 Sheet1 工作表中输入如图 4-11 所示的内容。

	A	B	C	D	E
1	商场一季度商品销售统计表				
2	商品编号	商品名称	销售量	单价(元)	销售额（元）
3	1	电风扇	300	120	
4	2	彩电	1500	2000	
5	3	电冰箱	1500	1800	
6	4	微波炉	500	560	
7	5	手机	1200	1600	
8	6	电瓶车	3000	1800	
9	7	电脑	4000	3500	
10	8	油烟机	500	1500	
11	合计				

图 4-11

2．使用公式计算“销售额（元）”（销售额=单价×销售量）。

3．在 Sheet1 中求“销售额（元）”的“合计”，并将结果放在 E11 单元格中。

4．使用条件格式将 A3:E11 单元格区域中的奇数行数据的字体格式设置为“白色”“加粗”“双下画线”，并将单元格填充为“−50%灰色度”底纹，其他单元格的格式如图 4-12 所示。

	A	B	C	D	E
1	商场一季度商品销售统计表				
2	商品编号	商品名称	销售量	单价(元)	销售额（元）
3	1	电风扇	300	¥120.00	¥36,000.00
4	2	彩电	1500	¥2,000.00	¥3,000,000.00
5	3	电冰箱	1500	¥1,800.00	¥2,700,000.00
6	4	微波炉	500	¥560.00	¥280,000.00
7	5	手机	1200	¥1,600.00	¥1,920,000.00
8	6	电瓶车	3000	¥1,800.00	¥5,400,000.00
9	7	电脑	4000	¥3,500.00	¥14,000,000.00
10	8	油烟机	500	¥1,500.00	¥750,000.00
11	合计				¥28,086,000.00

图 4-12

5．将除表头外的所有行的“行高”设置为 15，“列宽”设置为最适合的宽度。

6．将 A3:A10 单元格区域定义为“商品编号”。

7．在 Sheet1 工作表中设置起始页码为 3。

8．将 Sheet1 工作表重命名为“商场一季度商品销售统计表”。

本题的最终效果如图 4-12 所示。

习题 7　员工工资表

操作要求：相关素材在“教学资源库\习题集\模块 4\07”文件夹中。

1．启动 Excel 2016，在 Sheet1 工作表中输入如图 4-13 所示的内容。

	A	B	C	D	E	F	G	H	I
1	员工工资表								
2	编号	姓名	基本工资	考勤津贴	应发合计	公积金	保险	扣款合计	实发合计
3	1001	李光明	930	1328.4			50		
4	1002	陈林立	540	1250			50		
5	1003	李平民	540	1240			50		
6	1004	方小林	930	1350			50		
7	1005	张国兵	450	1500			50		
8	1006	黄光雨	940	1230			50		
9	1007	林芳平	940	443			50		
10	1008	李海涛	540	320			50		

图 4-13

2．使用 Sum()函数计算“应发合计”(应发合计=基本工资+考勤津贴)。

3．计算“公积金”(公积金=应发合计×10%)。

4．计算“扣款合计”(扣款合计=公积金+保险)。

5．计算“实发合计”(实发合计=应发合计−扣款合计)。

6．将 C3:I10 单元格区域中的数据设置为数值类型并保留一位小数，其他单元格的格式如图 4-14 所示。

7．在 Sheet1 工作表中设置页眉为“员工工资表”，并且居中对齐。

8．将 Sheet1 工作表以 A3 单元格为冻结点冻结窗格。

本题的最终效果如图 4-14 所示。

	A	B	C	D	E	F	G	H	I
1	员工工资表								
2	编号	姓名	基本工资	考勤津贴	应发合计	公积金	保险	扣款合计	实发合计
3	1001	李光明	930.0	1328.4	2258.4	225.8	50.0	275.8	1982.6
4	1002	陈林立	540.0	1250.0	1790.0	179.0	50.0	229.0	1561.0
5	1003	李平民	540.0	1240.0	1780.0	178.0	50.0	228.0	1552.0
6	1004	方小林	930.0	1350.0	2280.0	228.0	50.0	278.0	2002.0
7	1005	张国兵	450.0	1500.0	1950.0	195.0	50.0	245.0	1705.0
8	1006	黄光雨	940.0	1230.0	2170.0	217.0	50.0	267.0	1903.0
9	1007	林芳平	940.0	443.0	1383.0	138.3	50.0	188.3	1194.7
10	1008	李海涛	540.0	320.0	860.0	86.0	50.0	136.0	724.0

图 4-14

习题 8　空气监测情况表

操作要求：相关素材在“教学资源库\习题集\模块 4\08”文件夹中。

1．启动 Excel 2016，在 Sheet1 工作表中输入如图 4-15 所示的内容。

××市2019年8月至12月环境空气质量自动监测情况表				
序号	城市名称	实际监测天数	应监测天数	实际监测天数占应监测天数比率（%）
1	临云市	120	120	
2	清徐县	116	120	
3	阳曲县	120	120	
4	娄烦县	119	120	
5	古交市	115	120	
6	阳高县	112	120	
7	天镇县	111	120	
8	广灵县	112	120	
9	灵丘县	115	120	

图 4-15

2．设置表头“城市名称”“实际监测天数”“应监测天数”“实际监测天数占应监测天数比率（%）”单元格内容分两行显示。例如，“城市名称”显示为“城市
名称”，然后将所有列的“列宽”设置为最适合的宽度。

3．使用公式计算“实际监测天数占应监测天数比率（%）”（实际监测天数占应监测天数比率=实际监测天数÷应监测天数），并将这列数据的格式设置为百分比。

4．将第 3～11 行的“行高”设置为 15，其他单元格的格式如图 4-16 所示。

××市2019年8月至12月环境空气质量自动监测情况表				
序号	城市 名称	实际监测 天数	应监测 天数	实际监测天数占应 监测天数比率（%）
1	临云市	120	120	100.0%
2	清徐县	116	120	96.7%
3	阳曲县	120	120	100.0%
4	娄烦县	119	120	99.2%
5	古交市	115	120	95.8%
9	阳高县	112	120	93.3%
10	天镇县	111	120	92.5%
11	广灵县	112	120	93.3%
12	灵丘县	115	120	95.8%

图 4-16

5．在“教学资源库\习题集\模块 4”文件夹中，找到“08.jpg”图片，将其作为 Sheet1 工作表的背景。

6. 将 Sheet1 工作表复制到 Sheet2 工作表中，并将 Sheet2 工作表重命名为“××市 2019 年 8 至 12 月环境空气质量自动监测情况表”。

7．将 Sheet2 工作表的标签颜色改为“绿色”。

8．在 Sheet1 工作表中设置第 1、2 行为顶端标题行。

本题的最终效果如图 4-16 所示。

习题 9　汽车销售统计表

操作要求：相关素材在“教学资源库\习题集\模块 4\09”文件夹中。

1．启动 Excel 2016，在 Sheet1 工作表中输入如图 4-17 所示的内容。

	A	B	C	D
1	北京车市汽车销售统计表			
2	品牌	销售量(台)	平均售价(万元/台)	交易额(万元)
3	品牌A	256	22.58	
4	品牌B	93	13.58	
5	品牌C	371	12.08	
6	品牌D	414	11.8	
7	品牌E	317	11.38	
8	品牌F	431	9.18	
9	品牌G	562	8.85	
10	品牌H	171	8.58	
11	品牌I	297	7.18	
12	品牌J	245	4.18	

图 4-17

2．设置“销售量（台）”“平均售价（万元/台）”“交易额（万元）”列的“列宽”为最适合的宽度，其他单元格的格式如图 4-18 所示。

	A	B	C	D
1	北京车市汽车销售统计表			
2	品牌	销售量(台)	平均售价(万元/台)	交易额(万元)
3	品牌A	256	22.58	5780.48
4	品牌B	93	13.58	1262.94
5	品牌C	371	12.08	4481.68
6	品牌D	414	11.8	4885.2
7	品牌E	317	11.38	3607.46
8	品牌G	562	8.85	4973.7
9	品牌H	171	8.58	1467.18
10	品牌I	297	7.18	2132.46
11	品牌J	245	4.18	1024.1
12				5780.48

图 4-18

3．使用公式计算“交易额（万元）”（交易额=销售量×平均售价），并将结果放在相应的单元格中。

4．删除“品牌 F”行中的数据。

5．使用 Max()函数计算“最高销售额（万元）”，并将结果放在 D12 单元格中。

6．选择“品牌”和“交易额（万元）”两列数据，制作“二维饼图”图表，设置图表的标题为“交易额（万元）”，将数据显示在数据标签外，效果如图 4-19 所示。

7．在 Sheet1 工作表中设置 A1:D12 单元格区域为打印区域。

8．在 Sheet1 工作表中设置缩放比例为 80%。

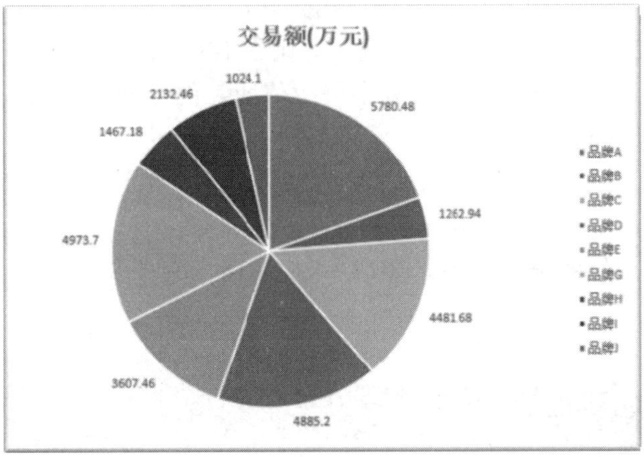

图 4-19

习题 10　某省生产总值增长表

操作要求：相关素材在“教学资源库\习题集\模块 4\10”文件夹中。

1．启动 Excel 2016，在 Sheet1 工作表中输入如图 4-20 所示的内容。

	A	B	C	D
1	某省生产总值增长表			
2	地区	2018年生产总值(亿元)	2019年生产总值(亿元)	2019年比2018年同期增长(百分比)
3	地区1	1325.95		15.8
4	地区2	515.69		13.5
5	地区3	269.83		15.3
6	地区4	669.2		13.2
7	地区5	119.75		17.1
8	地区6	1147.44		13
9	地区7	503.38		14.3
10	地区8	583.06		15.3

图 4-20

2．为 Sheet1 工作表套用表格格式“表样式浅色 9”，效果如图 4-21 所示。

	A	B	C	D
1	某省生产总值增长表			
2	地	2018年生产总值(亿元	2019年生产总值(亿元	2019年比2018年同期增长(百分比
3	地区1	1325.95	1535.4501	15.8
4	地区2	515.69	585.30815	13.5
5	地区3	269.83	311.11399	15.3
6	地区4	669.2	757.5344	13.2
7	地区5	119.75	140.22725	17.1
8	地区6	1147.44	1296.6072	13
9	地区7	503.38	575.36334	14.3
10	地区8	583.06	672.26818	15.3

图 4-21

3．使用公式计算“2019 年生产总值（亿元）”，并将结果放在相应的单元格中。例如，计算“地区 1”的“2019 年生产总值（亿元）”，则在 B3 单元格中输入“＝B3*(1+D3/100)”。

4．在“2018 年生产总值（亿元）”列中最大值所在的单元格内插入批注，内容为“2018 年生产总值（亿元）的最大值”。

5．在 Sheet1 工作表中，将 A2:D13 单元格区域中的数据复制到 Sheet2 工作表中，并将 Sheet2 工作表重命名为“筛选”。

6．在“筛选”工作表中筛选出“2019 年比 2018 年同期增长（百分比）”前五的地区，如图 4-22 所示。

	A	B	C	D
1	地	2018年生产总值(亿元	2019年生产总值(亿元	2019年比2018年同期增长(百分比
2	地区1	1325.95	1535.4501	15.8
4	地区3	269.83	311.11399	15.3
6	地区5	119.75	140.22725	17.1
8	地区7	503.38	575.36334	14.3
9	地区8	583.06	672.26818	15.3

图 4-22

7．在 Sheet1 工作表中选择“地区”和“2019 年比 2018 年同期增长（百分比）”两列数据制作“折线图”图表，设置图表标题为“2019 年比 2018 年同期增长（百分比）”，并将图表嵌入 A17:D27 单元格区域中，添加线性趋势线，效果如图 4-23 所示。

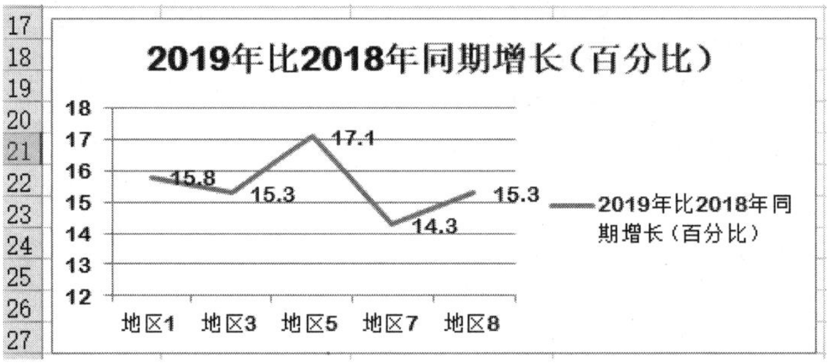

图 4-23

8．在 Sheet1 工作表中设置打印网格线。

习题 11　城市消费水平抽样调查表

操作要求：相关素材在“教学资源库\习题集\模块 4\11”文件夹中。

1．启动 Excel 2016，在 Sheet1 工作表中输入如图 4-24 所示的内容，并将此工作表重命名为“城市消费水平抽样调查表”。

2．为 B4:F10 单元格区域中的数据设置数据验证（0~100 的整数）。

3．为“城市消费水平抽样调查表”设置一张背景图片（图片自选）。

4．为“城市”单元格添加批注，内容为“本列显示城市名称”。

5．设置工作簿默认的保存位置为“D:\”。

	A	B	C	D	E	F
1	城市消费水平抽样调查表 （以北京地区评价指数为100）					
2	城市	食品	服装	日用品	耐用品	其他支出
3	石家庄	83	93	89	90	80
4	宁波	83	93	89	90	85
5	太原	84	92	89	87	97
6	海宁	84	93	91	90	97
7	福州	85	93	91	90	89
8	淮安	85	97	94	94	85
9	南宁	90	98	91	93	90
10	广州	90	97	92	87	99

图 4-24

6．按“耐用品”降序排序，如图 4-25 所示。

	A	B	C	D	E	F
1	城市消费水平抽样调查表					
2	（以北京地区评价指数为100）					
3	城市	食品	服装	日用品	耐用品	其他支出
4	南宁	90	98	91	94	90
5	淮安	85	97	94	93	85
6	宁波	83	93	89	90	85
7	太原	84	92	89	90	97
8	海宁	84	93	91	90	97
9	福州	85	93	91	90	89
10	石家庄	83	93	89	87	80

图 4-25

7．设置工作簿的保护密码为“11-1”。

8．在“南宁”这一行的下面插入一个分页符。

习题 12　公司销售员业绩表

操作要求：相关素材在“教学资源库\习题集\模块 4\12”文件夹中。

1．启动 Excel 2016，在 Sheet1 工作表中输入如图 4-26 所示的内容，并将此工作表重命名为“公司销售员业绩表”。

	A	B	C	D	E	F
1	公司销售员业绩表					
2	销售员编号	一月	二月	三月	四月	五月
3	A-001	234651	1450600	356000	5467500	7508751
4	A-002	134540	6540700	786330	2459000	9920570
5	A-003	753000	6540700	578500	789500	2565300
6	A-004	356380	2565300	535600	365000	3565700
7	A-005	765430	578500	234500	467000	2435042
8	A-006	356400	535600	457567	234500	6540700
9						
10	销售员人数		备注			
11	最高销售额					
12	最低销售额					

图 4-26

2．使用 CountA()函数计算“销售员人数”，并将结果放在 B10 单元格中。

3．使用 Max()函数计算“最高销售额”，并将结果放在 B11 单元格中。

4．使用 Min()函数计算“最低销售额”，并将结果放在 B12 单元格中。

5．将“公司销售员业绩表”工作表以 B3 单元格为冻结点冻结窗格。

6．在“公司销售员业绩表”工作表中，插入“饼图”图表，显示各销售员“五月”的销售情况，并将百分比数值显示在数据标签内。将图表的填充效果设置为“雨后初晴”“斜上”类型，将图表的标题设置为“销售员业绩图”，如图 4-27 所示。

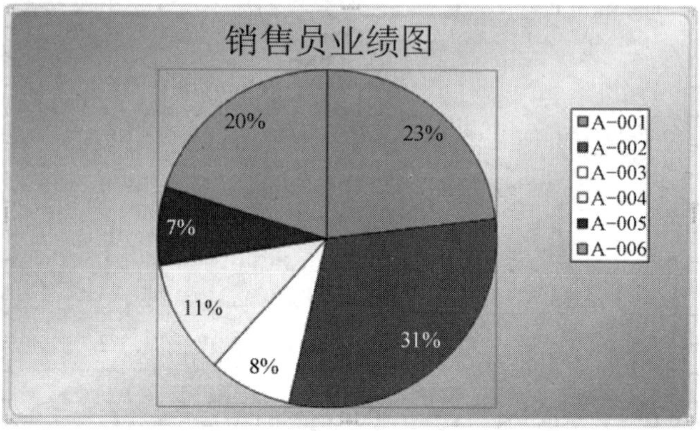

图 4-27

7．为“公司销售员业绩表”工作表应用“保护工作表及锁定的单元格内容”功能，设置密码为“12-2”。

习题 13　一季度考勤表

操作要求：相关素材在“教学资源库\习题集\模块 4\13”文件夹中。

1．启动 Excel 2016，在 Sheet1 工作表中输入如图 4-28 所示的内容，并将此工作表重命名为“一季度考勤表”。

	A	B	C	D	E	F	G	H
1	员工编号	姓名	部门	职务	一月加班天数	二月加班天数	三月加班天数	一季度加班总天数
2	001	王春晓			3	0	5	
3	002	陈松			5	0	1	
4	003	姚玲			0	1	3	
5	004	张雨涵			0	0	4	
6	005	钱民			3	0	5	
7	006	王力			0	0	1	
8	007	高晓东			0	0	3	
9	009	黄莉莉			6	0	1	

图 4-28

2. 为 C2:C9 单元格区域内的数据设置数据验证，数据验证的允许条件为“序列”，“序列”的来源为“办公室,销售部,开发部”，并将工作表中的数据填写完整，如图 4-29 所示。

3．使用 Sum()函数统计“一季度加班总天数”，并将结果放在相应的单元格中。

4．将“职务”列隐藏。

	A	B	C	D	E	F	G	H
1	员工编号	姓名	部门	职务	一月加班天数	二月加班天数	三月加班天数	一季度加班总天数
2	001	王春晓	办公室	总经理	3	0	5	
3	002	陈松	销售部	经理	5	0	1	
4	003	姚玲	办公室	文员	0	1	3	
5	004	张雨涵	开发部	工程师	0	0	4	
6	005	钱民	销售部	销售员	3	0	5	
7	006	王力	办公室	文员	0	0	1	
8	007	高晓东	销售部	销售员	0	0	3	
9	009	黄莉莉	开发部	经理	6	0	1	

图 4-29

5．在 B4 单元格中插入批注，内容为“一季度加班天数较少”。

6．将“一季度考勤表”工作表中的数据复制到 Sheet3 工作表中，并将 Sheet3 工作表重命名为“分类汇总”。

7．在“分类汇总”工作表中，计算各部门的“一季度加班总天数”，如图 4-30 所示。

	A	B	C	E	F	G	H
1	员工编号	姓名	部门	一月加班天数	二月加班天数	三月加班天数	一季度加班总天数
2	001	王春晓	办公室	3	0	5	8
3	003	姚玲	办公室	0	1	3	4
4	006	王力	办公室	0	0	1	1
5			**办公室 汇总**				13
6	004	张雨涵	开发部	0	0	4	4
7	009	黄莉莉	开发部	6	0	1	7
8			**开发部 汇总**				11
9	002	陈松	销售部	5	0	1	6
10	005	钱民	销售部	3	0	5	8
11	007	高晓东	销售部	0	0	3	3
12			**销售部 汇总**				17
13			**总计**				41

图 4-30

8．设置保护工作簿及共享工作簿。

习题 14　学生成绩表

操作要求：相关素材在“教学资源库\习题集\模块 4\14”文件夹中。

1．启动 Excel 2016，在 Sheet1 工作表中输入如图 4-31 所示的内容，并将此工作表重命名为“学生成绩表”。

	A	B	C	D	E	F
1	学号	姓名	性别	计算机基础	大学英语	C语言
2	04302101	邓章平	女	70	73	65
3	04302103	陈登卿	男	46	79	71
4	04302105	赖振华	女	缺考	98	88
5	04302104	宋海平	女	75	95	缺考
6	04302102	陈水生	女	60	66	42
7	04302106	谢克勤	女	93	缺考	69
8	04302107	赖卫华	女	96	31	缺考

图 4-31

2．定义 A2:A8 单元格区域的名称为“学号”。

3．在“C 语言”右边添加“总分”列，使用 Sum()函数计算“总分”，将结果放在相应的单元格中，并保留一位小数。

4．使用条件格式将 D2:F8 单元格区域中所有显示“缺考”的单元格填充为“浅灰色”底纹，其他单元格的格式如图 4-32 所示。

	A	B	C	D	E	F	G
1	学号	姓名	性别	计算机基础	大学英语	C语言	总分
2	04302101	章平	女	70	73	65	208.0
3	04302102	陈水生	女	60	66	**42**	168.0
4	04302103	陈登卿	男	46	79	**71**	196.0
5	04302104	宋海平	女	75	95	缺考	170.0
6	04302105	赖振华	女	缺考	98	**88**	186.0
7	04302106	谢克勤	女	93	缺考	**69**	162.0
8	04302107	赖卫华	女	96	31	缺考	127.0

图 4-32

5．将“学生成绩表”工作表中的数据复制到 Sheet2 工作表中，并将 Sheet2 工作表重命名为“排序”，然后在此工作表中按“总分”降序排序。

6．在“学生成绩表”工作表中，设置所有单元格中的内容水平居中、垂直居中。

7．设置最近使用的文件列表为“6”项。

8．在“学生成绩表”工作表中设置水平滚动条和垂直滚动条隐藏。

习题 15　2013 年—2019 年某市广告业发展情况分析表

操作要求：相关素材在“教学资源库\习题集\模块 4\15”文件夹中。

1．启动 Excel 2016，在 Sheet1 工作表中输入如图 4-33 所示的内容，并将此工作表重命名为“2013 年—2019 年某市广告业发展情况统计分析表”，并将 Sheet1 工作表标签的颜色改为“红色”。

	A	B	C	D	E	F
1	2013年—2019年某市广告业发展情况统计分析表					
2	年　份	广告经营单位户数	广告经营额（万元）	从业人员	户均经营额（万元）	人均经营额（万元）
3	2013年	2656	1300634	35975	489.69654	36.153829
4	2014年	2918	1455600	38724	498.83482	37.589092
5	2015年	4151	1606269	48299	386.95953	33.256776
6	2016年	6628	2939750	64985	443.535	45.237362
7	2017年	10221	2793399	69695	273.29997	40.080336
8	2018年	15124	2656091	77800	175.62093	34.139987
9	2019年	26480	2989505	82041	112.89671	36.439158
10	2019年较上年度增（减）幅度					

图 4-33

2．将“2014 年”这行数据隐藏。

3. 将“广告经营额（万元）”“户均经营额（万元）”和“人均经营额（万元）”三列数据设置为“货币”类型，并添加千分位分隔符，将所有列的“列宽”设置为最适合的宽度。

4. 使用公式计算“2019 年较上年度增（减）幅度”，并将结果放在相应的单元格中。例如，在 B10 单元格中输入公式“=(B9−B8)/B8”。

5. 将“2013 年—2019 年某市广告业发展情况统计分析表”工作表中的数据复制到 Sheet2 工作表中，并将该工作表重命名为“排序”，在“排序”工作表中按“户均经营额（万元）”降序排序。

6. 在“2013 年—2019 年某市广告业发展情况统计分析表”工作表中，选择“年份”、“户均经营额（万元）”和“人均经营额（万元）”三列的数据，创建“带数据标记的折线图”图表，设置图表的标题为“2013 年—2019 年某市广告业发展情况统计分析图”，横坐标为“年份”，纵坐标为“数据”，并将此图表嵌入 A13:G26 单元格区域中，如图 4-34 所示。

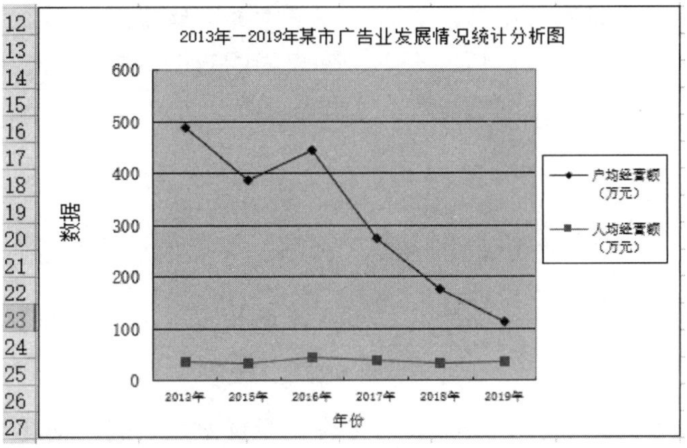

图 4-34

7. 在“2013 年—2019 年某市广告业发展情况统计分析表”工作表中，设置第 1 行为顶端标题行。

习题 16　某县大学升学和分配情况表

操作要求：相关素材在“教学资源库\习题集\模块 4\16”文件夹中。

1. 启动 Excel 2016，在 Sheet1 工作表中输入如图 4-35 所示的内容，并将此工作表重命名为“某县大学升学和分配情况表”。

	A	B	C	D
1	时间	考取人数	分配回县人数	考取/分配回县比率
2	2013年	300	245	
3	2014年	500	239	
4	2015年	586	320	
5	2016年	642	248	
6	2017年	568	220	
7	2018年	450	150	
8	2019年	465	250	

图 4-35

2．删除“2013 年”这行的数据。

3．选定 A1:D7 单元格区域，套用表格格式“表样式中等深浅色 2”。

4．求出“考取/分配回县比率”（保留两位小数），其计算公式为“考取/分配回县比率＝分配回县人数÷考取人数”，如图 4-36 所示。

	A	B	C	D
1	时间	考取人数	分配回县人数	考取/分配回县比率
2	2005年	500	239	0.48
3	2006年	586	320	0.55
4	2007年	642	248	0.39
5	2008年	568	220	0.39
6	2009年	450	150	0.33
7	2010年	465	250	0.54

图 4-36

5．将“某县大学升学和分配情况表”工作表中的网格隐藏。

6．将“某县大学升学和分配情况表”工作表中的数据复制到 Sheet2 工作表中。

7．在“某县大学升学和分配情况表”工作表中筛选出“考取/分配回县比率”大于 0.5 的数据，如图 4-37 所示。

	A	B	C	D
1	时间	考取人数	分配回县人数	考取/分配回县比率
3	2015年	586	320	0.55
7	2019年	465	250	0.54

图 4-37

8．为“某县大学升学和分配情况表”工作表设置保护密码“16-1”。

习题 17　IT 公司营收情况表

操作要求：相关素材在“教学资源库\习题集\模块 4\17”文件夹中。

1．启动 Excel 2016，在 Sheet1 工作表中输入如图 4-38 所示的内容，将 A1:G1 单元格区域合并后居中。

	A	B	C	D	E	F	G
1	世界知名IT公司2019年营收情况(百万美元)						
2	公司	所属国家	营收	增长率	利润	预计利润	预计营收
3	公司A	美国	13,828	0.37	7,414	7881.96	18944.36
4	公司B	日本	10185	0.35	5092	5805.45	13749.75
5	公司C	美国	9,173	0.27	4,031	5228.61	11649.71
6	公司D	韩国	8,344	0.73	4,122	4756.08	14435.12
7	公司E	美国	8,000	0.44	4,000	4560	11520
8	公司F	日本	5,511	0.42	2,670.00	3,141.27	7,825.62
9	公司G	日本	5,154	0.37	2,480.00	2,937.78	7,060.98
10	公司H	荷兰	4,040	0.38	2,020	2302.8	5575.2
11	公司I	中国	1,532	0.89	711	873.24	2895.48
12	公司J	中国	846	0.85	423	482.22	1565.1
13	平均值：						
14	世界平均利润率：						

图 4-38

2．在 Sheet1 工作表中使用 Average()函数计算“营收”和“增长率”的平均值，并将结果放在相应的单元格中。

3．为 B3:B12 单元格区域中的数据设置数据验证，数据验证的允许条件为“序列”，“序列”的来源为“美国,日本,韩国,荷兰,中国”。

4．在 Sheet1 工作表的“公司 C”单元格中插入批注，批注内容为“世界著名品牌”。

5．在 Sheet1 工作表中，将“利润”“预计利润”“预计营收”三列的“列宽”设置为最适合的宽度。

6. 将 Sheet1 工作表中的数据复制到 Sheet2 工作表中，并将该工作表重命名为“筛选”，然后在“筛选”工作表中筛选出“所属国家”为“美国”的数据，如图 4-39 所示。

	A	B	C	D	E	F	G
1	世界知名IT公司2019年营收情况(百万美元)						
2	公司	所属国	营收	增长	利润	预计利	预计营
3	公司A	美国	13,828	0.37	7,414	7881.96	18944.36
5	公司C	美国	9,173	0.27	4,031	5228.61	11649.71
7	公司E	美国	8,000	0.44	4,000	4560	11520

图 4-39

7．在 Sheet1 工作表中选择“公司”和“营收”两列数据创建“柱形圆锥图”图表，设置图表的标题为“IT 公司 2019 年营收示意图”，效果如图 4-40 所示，并将该图表嵌入 A16:G29 单元格区域中。

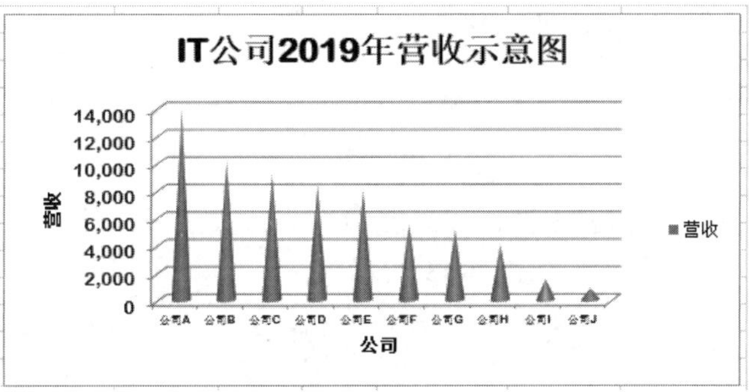

图 4-40

8．在 Sheet1 工作表中设置打印行号和列标。

习题 18　奖学金统计表

操作要求：相关素材在“教学资源库\习题集\模块 4\18”文件夹中。

1．启动 Excel 2016，在 Sheet1 工作表中输入如图 4-41 所示的内容。

2．使用 Sum()函数计算“总分”，并将结果放在相应的单元格中。

3．使用 If()函数计算“奖学金”（总分高于 250 的学生，获得奖学金 200 元；总分为 240～250 的学生，获得奖学金 100 元；总分低于 240 的学生，奖学金为 0 元），效果如图 4-42 所示。

4．复制 Sheet1 工作表中的数据到 Sheet2 工作表和 Sheet3 工作表中，将 Sheet2 工作表和 Sheet3 工作表分别重命名为“分类汇总”和“筛选”。

	A	B	C	D	E	F	G	H	I
1	班级	姓名	性别	地区	计算机	政治	英语	总分	奖学金
2	2班	张华	男	上海	78	86	77		
3	3班	李伟	男	江苏	89	79	81		
4	1班	王建平	男	江苏	69	91	95		
5	3班	赵小英	女	浙江	83	78	85		
6	1班	林玲	女	浙江	95	87	78		
7	2班	顾凌强	男	江苏	85	75	89		
8	2班	黄梅英	女	上海	88	79	91		
9	1班	宋毅刚	男	浙江	93	84	87		
10	3班	徐丽珍	女	上海	76	73	74		
11	1班	张秀英	女	浙江	70	84	73		

图 4-41

	A	B	C	D	E	F	G	H	I
1	班级	姓名	性别	地区	计算机	政治	英语	总分	奖学金
2	2班	张华	男	上海	78	86	77	241	100
3	3班	李伟	男	江苏	89	79	81	249	100
4	1班	王建平	男	江苏	69	91	95	255	200
5	3班	赵小英	女	浙江	83	78	85	246	100
6	1班	林玲	女	浙江	95	87	78	260	200
7	2班	顾凌强	男	江苏	85	75	89	249	100
8	2班	黄梅英	女	上海	88	79	91	258	200
9	1班	宋毅刚	男	浙江	93	84	87	264	200
10	3班	徐丽珍	女	上海	76	73	74	223	0
11	1班	张秀英	女	浙江	70	84	73	227	0

图 4-42

5．在“分类汇总”工作表中制作以“班级”为分类字段，“奖学金”为汇总项，汇总方式为“求和”的分类汇总表，如图 4-43 所示。

	A	B	C	D	E	F	G	H	I
1	班级	姓名	性别	地区	计算机	政治	英语	总分	奖学金
2	1班	王建平	男	江苏	69	91	95	255	200
3	1班	林玲	女	浙江	95	87	78	260	200
4	1班	宋毅刚	男	浙江	93	84	87	264	200
5	1班	张秀英	女	浙江	70	84	73	227	0
6	**1班 汇总**								600
7	2班	张华	男	上海	78	86	77	241	100
8	2班	顾凌强	男	江苏	85	75	89	249	100
9	2班	黄梅英	女	上海	88	79	91	258	200
10	**2班 汇总**								400
11	3班	李伟	男	江苏	89	79	81	249	100
12	3班	赵小英	女	浙江	83	78	85	246	100
13	3班	徐丽珍	女	上海	76	73	74	223	0
14	**3班 汇总**								200
15	**总计**								1200

图 4-43

6．在“筛选”工作表中筛选出总分高于 240 的数据，如图 4-44 所示。

7．在 Sheet1 工作表中设置打印时显示网格，打印顺序为先行后列。

8．设置共享工作簿，允许多用户同时编辑，允许工作簿合并。

	A	B	C	D	E	F	G	H	I
1	班级	姓名	性别	地区	计算机	政治	英语	总分	奖学金
2	2班	张华	男	上海	78	86	77	241	100
3	3班	李伟	男	江苏	89	79	81	249	100
4	1班	王建平	男	江苏	69	91	95	255	200
5	3班	赵小英	女	浙江	83	78	85	246	100
6	1班	林玲	女	浙江	95	87	78	260	200
7	2班	顾凌强	男	江苏	85	75	89	249	100
8	2班	黄梅英	女	上海	88	79	91	258	200
9	1班	宋毅刚	男	浙江	93	84	87	264	200

图 4-44

习题 19　超市洗衣机销售统计表

操作要求：相关素材在“教学资源库\习题集\模块 4\19”文件夹中。

1．启动 Excel 2016，在 Sheet1 工作表中输入如图 4-45 所示的内容，并将此工作表重命名为“超市第 2 季度洗衣机销售统计表”。

	A	B	C	D	E	F	G	H
1	超市第2季度洗衣机销售统计表							
2	品牌	单价	四月	五月	六月	销售小计	平均销量	销售额
3	海尔	2600.00	65	45	83			
4	西门子	2300.00	43	26	43			
5	威力	2050.00	15	35	33			
6	三洋	1800.00	57	52	65			
7	爱妻	1640.00	46	43	56			
8	荣事达	1450.00	46	35	34			
9	小天鹅	1400.00	54	43	43			

图 4-45

2．将“超市第 2 季度洗衣机销售统计表”工作表中的 A1:H1 单元格区域合并后居中，设置“四月”“五月”“六月”三列的“列宽”为“5”，设置“单价”“销售额”两列的数据格式为“货币”。

3．使用公式计算“销售小计”（销售小计=四月+五月+六月），并将结果放在相应的单元格中。

4．使用 Average()函数计算“平均销量”，并将结果放在相应的单元格中。

5．使用公式计算“销售额”（销售额＝销售小计×单价），并将结果放在相应的单元格中，如图 4-46 所示。

	A	B	C	D	E	F	G	H
1	超市第2季度洗衣机销售统计表							
2	品牌	单价	四月	五月	六月	销售小计	平均销量	销售额
3	海尔	¥2,600.00	65	45	83	193	64	¥501,800.00
4	小天鹅	¥1,400.00	54	43	43	140	47	¥196,000.00
5	三洋	¥1,800.00	57	52	65	174	58	¥313,200.00
6	荣事达	¥1,450.00	46	35	34	115	38	¥166,750.00
7	威力	¥2,050.00	15	35	33	83	28	¥170,150.00
8	爱妻	¥1,640.00	46	43	56	145	48	¥237,800.00
9	西门子	¥2,300.00	43	26	43	112	37	¥257,600.00

图 4-46

6．将“超市第 2 季度洗衣机销售统计表”中的数据复制到 Sheet2 工作表和 Sheet3 工作表中。

7．将 Sheet2 工作表重命名为“筛选”，并在此工作表中筛选出“销售额”前三的数据，如图 4-47 所示。

	A	B	C	D	E	F	G	H
1	超市第2季度洗衣机销售统计表							
2	品牌	单价	四	五	六	销售小计	平均销量	销售额
3	海尔	¥2, 600. 00	65	45	83	193	64	¥501, 800. 00
5	三洋	¥1, 800. 00	57	52	65	174	58	¥313, 200. 00
9	西门子	¥2, 300. 00	43	26	43	112	37	¥257, 600. 00

图 4-47

8．将 Sheet3 工作表重命名为“排序”，并在此工作表中按“单价”升序排序，如图 4-48 所示。

	A	B	C	D	E	F	G	H
1	超市第2季度洗衣机销售统计表							
2	品牌	单价	四月	五月	六月	销售小计	平均销量	销售额
3	小天鹅	¥1, 400. 00	54	43	43	140	47	¥196, 000. 00
4	荣事达	¥1, 450. 00	46	35	34	115	38	¥166, 750. 00
5	爱妻	¥1, 640. 00	46	43	56	145	48	¥237, 800. 00
6	三洋	¥1, 800. 00	57	52	65	174	58	¥313, 200. 00
7	威力	¥2, 050. 00	15	35	33	83	28	¥170, 150. 00
8	西门子	¥2, 300. 00	43	26	43	112	37	¥257, 600. 00
9	海尔	¥2, 600. 00	65	45	83	193	64	¥501, 800. 00

图 4-48

9．在“超市第 2 季度洗衣机销售统计表”工作表中，选定“品牌”和“销售额”两列数据，创建“簇状圆柱图”图表，设置图表的标题为“销售统计柱形图”，横坐标和纵坐标的标题如图 4-49 所示，新建工作表 Chart1，将图表放在 Chart1 工作表中。

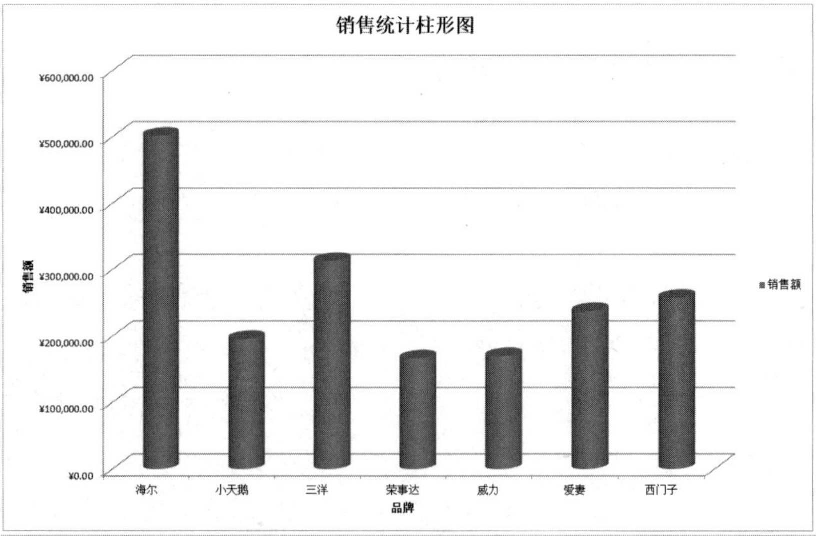

图 4-49

习题 20　报名情况登记表

操作要求： 相关素材在“教学资源库\习题集\模块 4\20”文件夹中。

1．启动 Excel 2016，在 Sheet1 工作表中输入如图 4-50 所示的内容。

	A	B	C	D	E	F
1	学号	姓名	身份证号	班级	报考科目	报名费
2	410101	林海	360***********1524	18计算机网络	办公软件应用	250
3	410102	王国文	360***********2540	18计算机网络	网页高级设计员	280
4	410103	余丽林	360***********5000	18计算机网络	办公软件应用	250
5	410104	林国伟	360***********2541	18计算机网络	图像高级设计员	350
6	410110	王志平	360***********2536	18计算机信息管理	办公软件应用	250
7	410109	吴国达	360***********1727	18计算机信息管理	网页高级设计员	280
8	410107	刘芷磬	360***********4221	18计算机信息管理	办公软件应用	250
9	410108	黄若翠	360***********4352	18计算机信息管理	办公软件应用	250
10	410109	周琳玮	360***********7985	18电会	网页高级设计员	280
11	410110	朱树华	360***********1241	18电会	图像高级设计员	350
12	410111	李升展	360***********2710	18电会	网页高级设计员	280
13		合计				

图 4-50

2．在 Sheet1 工作表中使用自动求和的方法计算“报名费”的“合计”，并将结果放在 F13 单元格中。

3．将 Sheet1 工作表中的数据复制到 Sheet2 工作表、Sheet3 工作表和 Sheet4 工作表中，分别将 3 张新工作表重命名为“数据透视表”“分类汇总”“筛选”。在 3 张新工作表中，将“合计”行删除。

4．在 Sheet1 工作表中，设置“报名费”列的数据格式为“货币”“¥”，并保留两位小数。

5．在 Sheet1 工作表中，选定 A2:F13 单元格区域，使用条件格式将偶数行的单元格填充为“红色”，字体颜色设置为“白色”。

6．在 Sheet1 工作表中，删除“学号”列。

7．在 Sheet1 工作表中，隐藏“身份证号”列，如图 4-51 所示。

	A	C	D	E
1	姓名	班级	报考科目	报名费
2	林海	18计算机网络	办公软件应用	¥250.00
3	王国文	18计算机网络	网页高级设计员	¥280.00
4	余丽林	18计算机网络	办公软件应用	¥250.00
5	林国伟	18计算机网络	图像高级设计员	¥350.00
6	王志平	18计算机信息管理	办公软件应用	¥250.00
7	吴国达	18计算机信息管理	网页高级设计员	¥280.00
8	刘芷磬	18计算机信息管理	办公软件应用	¥250.00
9	黄若翠	18计算机信息管理	办公软件应用	¥250.00
10	周琳玮	18电会	网页高级设计员	¥280.00
11	朱树华	18电会	图像高级设计员	¥350.00
12	李升展	18电会	网页高级设计员	¥280.00
13	合计			¥3,070.00

图 4-51

8．在“数据透视表”工作表中，选定 A1:F12 单元格区域，制作数据透视表，将“班级”和“报考科目”作为列标签，将“姓名”作为行标签，将“报名费”作为求和项，并设置只显示“18 计算机网络”班级的学生的报考数据，如图 4-52 所示。

	A	B	C	D	E	F
1						
2						
3	求和项:报名费	列标签				
4		⊟18计算机网络			18计算机网络 汇总	总计
5	行标签	办公软件应用	图像高级设计员	网页高级设计员		
6	林国伟		350		350	350
7	林海	250			250	250
8	王国文			280	280	280
9	余丽林	250			250	250
10	总计	500	350	280	1130	1130

图 4-52

9．在“分类汇总”工作表中制作以“班级”为分类字段、以“汇总”为求和方式、以“报名费”为汇总项的分类汇总表，并将 3 级明细数据隐藏，如图 4-53 所示。

	A	B	C	D	E	F
1	学号	姓名	身份证号	班级	报考科目	报名费
6				18计算机网络 汇总		1130
11				18计算机信息管理 汇总		1030
15				18电会 汇总		910
16				总计		3070

图 4-53

10．在“分类汇总”工作表中，选定“班级”和“报名费”两列数据创建“簇状棱锥图”图表，设置图表的标题为“资格证书报考情况汇总表”，设置横坐标和纵坐标的标题分别为“类别”和“金额”。将图表嵌入 A20:H40 单元格区域中，然后显示相应的数值，如图 4-54 所示。

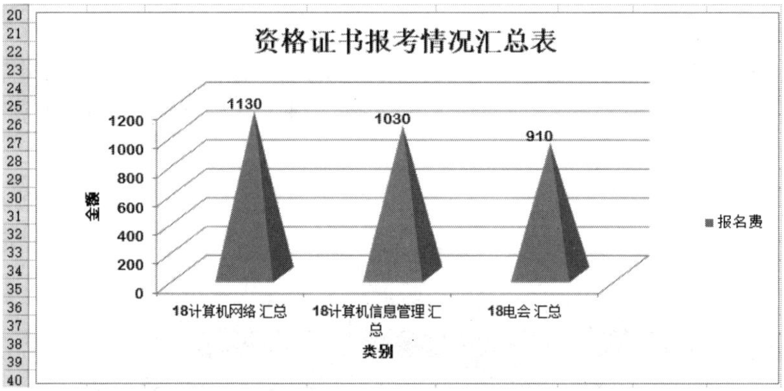

图 4-54

11．在“筛选”工作表中，筛选出“报考科目”为“办公软件应用”的所有数据，如图 4-55 所示。

	A	B	C	D	E	F
1	学号	姓名	身份证号	班级	报考科目	报名费
2	410101	林海	360***********1524	18计算机网络	办公软件应用	250
4	410103	余丽林	360***********5000	18计算机网络	办公软件应用	250
6	410110	王志平	360***********2536	18计算机信息管理	办公软件应用	250
8	410107	刘芷馨	360***********4221	18计算机信息管理	办公软件应用	250
9	410108	黄若翠	360***********4352	18计算机信息管理	办公软件应用	250

图 4-55

12．在 Sheet1 工作表中将 D2:D12 单元格区域的名称定义为“报考科目信息”。

模块 5

演示文稿的制作

学习情境一：标准化试题测试

一、单项选择题

1．*.pptx 是（　　）文件。

A．演示文稿　　B．模板　　C．其他版本　　D．可执行

2．在 PowerPoint 2016 中，将演示文稿保存为演示文稿设计模板后，扩展名为（　　）。

A．.pptx　　B．.ppsx　　C．.pspx　　D．.potx

3．在 PowerPoint 2016 中，无法完成对所有幻灯片进行设计或修饰的对话框是（　　）。

A．设置背景　　B．幻灯片版式　　C．选择变体　　D．应用主题

4．在 PowerPoint 2016 中，将某张幻灯片的版式设置为“垂直排列文本”，应选择的选项卡是（　　）。

A．开始　　B．插入　　C．设计　　D．幻灯片放映

5．PowerPoint 的“超链接”命令可以实现（　　）。

A．幻灯片之间的跳转　　B．幻灯片的移动

C．中断幻灯片的放映　　D．在演示文稿中插入幻灯片

6．要停止正在放映的幻灯片，按（　　）即可。

A．Ctrl+X 组合键　　B．Ctrl+Q 组合键　　C．Esc 键　　D．Alt+X 组合键

7．在 PowerPoint 2016 中，幻灯片通过大纲形式创建和组织（　　）。

A．标题和正文　　B．标题和图形

C．正文和图片　　D．标题、正文和多媒体信息

8．选中幻灯片中的对象，下列选项中，（　　）无法实现对象的删除操作。

A．按 Delete 键

B．按 Backspace 键

C．选择“开始”→“剪切”选项

D．在快速访问工具栏中单击“撤销”按钮

9．选中幻灯片中的对象，下列选项中，（　　）无法实现对象的移动操作。

A．在“开始”选项卡的“剪贴板”组中，单击“剪切”和“粘贴”按钮
B．在“插入”选项卡中，选择“剪切”与“粘贴”选项
C．按住鼠标左键直接拖动对象到目标位置
D．按住鼠标右键直接拖动对象到目标位置

10．想在一个屏幕上同时显示两个演示文稿并进行编辑，应如何操作？（　　）
A．无法实现
B．打开两个演示文稿，单击“视图”选项卡的“窗口”组中的“全部重排”按钮
C．打开两个演示文稿，单击“视图”选项卡的“窗口”组中的“层叠”按钮
D．打开两个演示文稿，单击“视图”选项卡的“窗口”组中的“移动拆分”按钮

11．如果将演示文稿置于另一台没有安装 PowerPoint 2016 的计算机上放映，那么应该对演示文稿进行（　　）。
A．复制　　B．打包　　C．移动　　D．打印

12．当在幻灯片中插入了音频文件后，在幻灯片中将出现（　　）。
A．链接说明　　B．喇叭图标　　C．一段文字说明　　D．链接按钮

13．编辑幻灯片中的内容时，应该先（　　）。
A．选择编辑对象　　B．进入“开始”选项卡
C．进入相应的功能组　　D．切换到“幻灯片浏览视图”

14．如果要将幻灯片中的文字方向设置为纵向，可选择（　　）选项。
A．“设计”→“页面设置”　　B．“文件”→“打印”
C．“开始”→“幻灯片版式”　　D．“设计”→“主题”

15．如果要将幻灯片的方向设置为纵向，可选择（　　）选项。
A．“设计”→“页面设置”　　B．“文件”→“打印”
C．“开始”→“幻灯片版式”　　D．“设计”→“主题”

16．在一张 A4 纸上最多可以打印（　　）张幻灯片。
A．4　　B．6　　C．8　　D．9

17．下列选项中，（　　）不能创建新的演示文稿。
A．“开始”菜单　　B．桌面快捷方式
C．word 文档　　D．已打开的演示文稿

18．下列选项中，（　　）不是母版视图。
A．讲义母版　　B．幻灯片母版　　C．标题母版　　D．备注母版

19．设置幻灯片母版的命令位于（　　）选项卡中。
A．视图　　B．开始　　C．设计　　D．插入

20．PowerPoint 2016 所生成的文件不能存储为（　　）。
A．PowerPoint 97-2003 演示文稿　　B. Word 文档
C．PowerPoint 模版　　D. XPS 文档

21．若想使某一张幻灯片应用不同主题，则（　　）。
A．无法实现　　B．设置该幻灯片不使用母版
C．直接修改该幻灯片主题　　D．重新设置母版

22．在幻灯片母版中插入的对象只能在（　　）中修改。

A．备注母版　　B．幻灯片母版　　C．讲义母版　　D．幻灯片版式

23．使用（　　）方式，能在屏幕上显示多张幻灯片。

A．阅读视图　　B．大纲视图　　C．幻灯片浏览视图　D．备注页视图

24．进入幻灯片各种视图的快捷方式为（　　）。

A．选择“视图”选项卡　　B．选择“审阅”选项卡

C．使用快捷菜单　　D．单击屏幕下方的视图控制按钮

25．设置幻灯片放映时间的命令是（　　）。

A．在“幻灯片放映”选项卡中，单击“使用计时”按钮

B．在“幻灯片放映”选项卡中，单击“设置幻灯片放映”按钮

C．在“幻灯片放映”选项卡中，单击“排练计时”按钮

D．在“幻灯片放映”选项卡中，单击“自定义幻灯片放映”按钮

26．使用大纲视图时，右击幻灯片缩略图，在弹出的快捷菜单中选择（　　）选项，可在幻灯片的大标题下面输入小标题。

A．升级　　B．降级　　C．上移　　D．下移

27．在 PowerPoint 2016 的（　　）视图下可以对幻灯片中的内容进行编辑。

A．阅读　　B．普通　　C．幻灯片放映　　D．幻灯片浏览

28．使用（　　）视图无法显示在幻灯片中已插入的图片对象。

A．大纲　　B．幻灯片浏览　　C．幻灯片　　D．幻灯片放映

29．设置项目符号的颜色、大小是通过选择（　　）选项，在打开的对话框中进行设置的。

A．“设计”→“主题”→“项目符号”

B．“开始”→“段落”→“项目符号”

C．“开始”→“字体”→“项目符号”

D．“插入”→“插图”→“项目符号”

30．幻灯片放映时，要从一张幻灯片“推进”到下一张幻灯片，应选择（　　）选项卡。

A．插入　　B．动画　　C．切换　　D．幻灯片放映

31．幻灯片放映时，要从第 2 张幻灯片跳转到第 8 张幻灯片，应选择（　　）选项。

A．“插入”→“超链接”　　B．“动画”→“上一动画之前”

C．“切换”→“单击鼠标时”　　D．“幻灯片放映”→“设置幻灯片放映”

32．在“动作设置”对话框中，其设置的超链接对象不允许是（　　）。

A．下一张幻灯片　　B．一个应用程序

C．其他的演示文稿　　D．幻灯片中的某一对象

33．观看演示文稿时，可以使用（　　）。

A．幻灯片视图　　B．大纲视图

C．幻灯片浏览视图　　D．幻灯片放映视图

34．当幻灯片放映时，右击监视器，在弹出的快捷菜单中选择“显示演示者视图”选项，则在监示器上看不到（　　）。

A．备注　　B．下一张幻灯片

C．正在放映的幻灯片　　　　　　　　D．所有幻灯片

35．下列选项中，（　　）无法确保幻灯片外观一致。

A．制作母版　　B．应用主题　　C．修改背景　　D．使用幻灯片版式

36．幻灯片中的动画播放顺序可以通过（　　）按钮来设置。

A．

B．

C．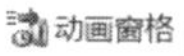

D．

37. 在 PowerPoint 2016 中，对幻灯片进行切换设置，下面说法中，正确的是（　　）。

A．针对一张幻灯片的切换设置可以应用到所有幻灯片上

B．每种切换效果都可以在“效果选项”列表中进行设置

C．在切换效果中不能加入声音

D．每次设置切换效果后，屏幕会自动播放切换效果，如果想再次观看切换效果，则只能通过“幻灯片放映”按钮来实现

38．在 PowerPoint 2016 中，不可以为幻灯片添加声音的是（　　）。

A．切换　　B．动画　　C．主题　　动作

39．在 PowerPoint 2016 中，使用新增的“设计灵感”功能时，不能（　　）。

A．连接到 Internet

B．在同一张幻灯片上使用任何其他对象或形状作为图片

C．使用已应用了“标题”或“标题+内容”的幻灯片版式

D．使用 PowerPoint 自带的主题

40．在幻灯片占位符之外不可以直接插入（　　）。

A．文本框　　B．文字　　C．艺术字　　D．Word 中的表格

二、判断题

1．利用 PowerPoint 2016 制作演示文稿时，一个演示文稿中的每张幻灯片可以选用不同的主题。（　　）

2．在 PowerPoint 2016 中，“文件”选项卡的“新建”选项的功能是创建一张新幻灯片。（　　）

3．在 PowerPoint 2016 中，系统为演示文稿提供了四种母版：幻灯片母版、标题母版、讲义母版和备注母版。（　　）

4．“幻灯片版式”列表提供了 10 种幻灯片版式。（　　）

5．幻灯片版式包含了一些被称为占位符的虚线框。（　　）

6．在幻灯片浏览视图中，所有幻灯片会以缩略图的形式依次排列在窗口中。（　　）

7．选择“开始”→“新建幻灯片”→“重用幻灯片”选项，可以把其他演示文稿中的一张或多张或全部幻灯片插入当前打开的演示文稿中。（　　）

8．播放演示文稿时，备注内容也能显示出来。（　　）

9．演示文稿中的内容可以用幻灯片、大纲、讲义、备注等多种形式打印出来。（　　）

10．要想打开 PowerPoint 2016，则只能在开始菜单中选择 Microsoft Office PowerPoint

2016 应用程序。（ ）

11．在 PowerPoint 2016 中，可以直接在幻灯片中添加图片。

12．在 PowerPoint 2016 中，为幻灯片中的标题设置动画效果时，可以使用“切换”功能。（ ）

13．在 PowerPoint 2016 中，为幻灯片设置动画时，不能预览当前的动画。（ ）

14．在“切换”选项卡中单击“全部应用”按钮，则所有幻灯片将应用同一种切换效果。（ ）

15．使用 PowerPoint 2016 的普通视图时，在任意时刻打开主窗口，只能查看或编辑一张幻灯片。（ ）

16．PowerPoint 2016 提供的联机模板和主题，需要下载才能使用。（ ）

17．在幻灯片放映的过程中，要结束放映，可按 Esc 键。（ ）

18．若计算机没有安装 PowerPoint 2016，可以通过其他方式播放演示文稿。（ ）

19．在 PowerPoint 2016 的普通视图下，可以同时显示幻灯片、大纲和备注。（ ）

20．在 PowerPoint 2016 中，若想将幻灯片的标题颜色统一改为红色，那么只需在幻灯片母版上做一次修改即可，并且以后的幻灯片的标题也变为红色。（ ）

21．在 PowerPoint 2016 中，对于软件自带的主题，可以在“设计”选项卡的“变体”组中选择其他颜色。（ ）

22．在 PowerPoint 2016 中，幻灯片内所插入的音频文件默认是自动播放的。（ ）

23．在 PowerPoint 2016 中，幻灯片的页面方向可设置为纵向或横向。（ ）

24．在 PowerPoint 2016 中，幻灯片大小可以自定义。（ ）

25．在 PowerPoint 2016 中，可以为幻灯片内的文本、形状、表格、图形和图片等对象创建超链接。（ ）

26．在 PowerPoint 2016 中，不可以直接将 Excel 中的图表插入幻灯片中。（ ）

27．在 PowerPoint 2016 中，隐藏的幻灯片在放映时不会出现。（ ）

28．在 PowerPoint 2016 中，新增的联机演示功能可以允许其他人在 Web 浏览器中观看幻灯片。（ ）

29．在 PowerPoint 2016 中，设置“排练计时”功能后，幻灯片放映时就只能使用“排练时间”。（ ）

30．使用 PowerPoint 2016 制作幻灯片时，除文字和图形外，还可以直接插入录像片之类的视频文件。（ ）

学习情境二：实训操作测试

习题 1 大学生城镇居民医疗保险

操作要求：相关素材在“教学资源库\习题册\模块 5\01”文件夹中。

1．打开“教学资源库\习题册\模块 5\01\1.pptx”文件，在最前面插入一张幻灯片，作为标题幻灯片。

2．在标题幻灯片中输入主标题“大学生城镇居民医疗保险”，设置主标题的字体格式为“华文琥珀”“加粗”“48 磅”“红色”“居中”。在主标题的下方输入副标题 “同学须知事项”，设置副标题的字体格式为“宋体”“28 磅”“居中”。

3．设置所有幻灯片应用主题“回顾”。

4．在标题幻灯片中插入“教学资源库\习题册\模块 5\01\1.jpg”图片，作为背景。

5．设置所有幻灯片的切换方式为“形状”，效果选项为“加号”。

6．设置所有幻灯片的项目符号为“➢”。

7．为第二张幻灯片中的文本对象添加动画，选择“飞入”动画，选择“自右侧”效果选项，在“开始”下拉列表中选择“与上一动画同时”选项，设置持续时间为“02.00”。

8．为第三张幻灯片中的文本对象添加动画，选择“棋盘”动画，选择“下”效果选项，在“开始”下拉列表中选择“单击时”选项，设置持续时间为“00.50”。

9．在幻灯片中插入自动更新的日期与时间。

10．保存文件。

本题的最终效果如图 5-1 所示。

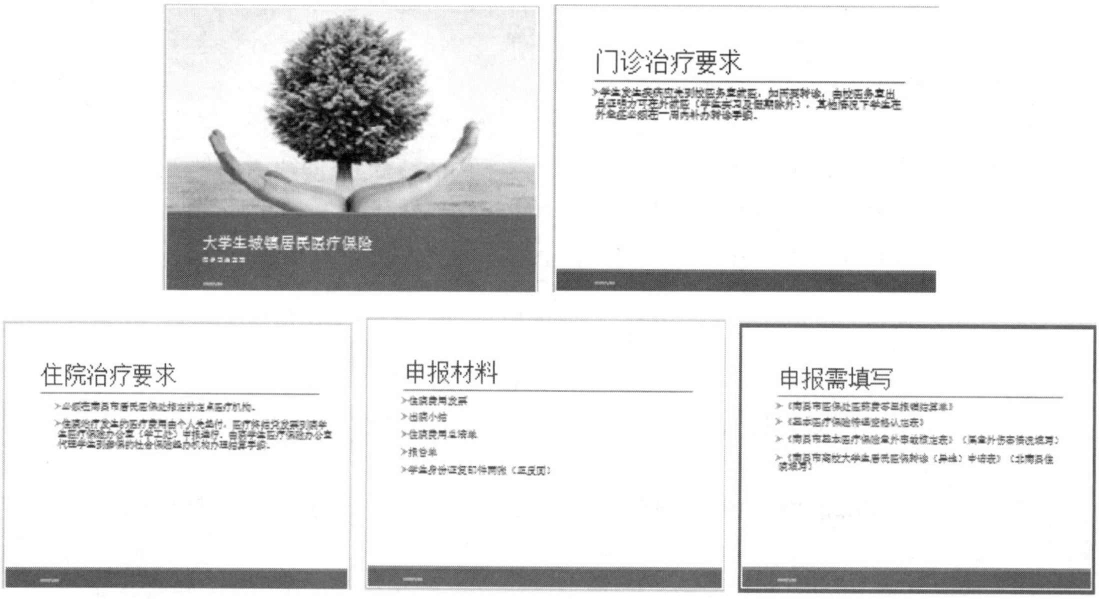

图 5-1

习题 2　电子通信股份有限公司

操作要求：相关素材在“教学资源库\习题册\模块 5\02\”文件夹中。

1．新建一个空白演示文稿，选择主题“视差”。

2．在计算机已连接互联网的情况下，选择一种幻灯片样式（样式由 Office 服务器自动提供，每次出现的样式会不一样）。

3．在标题幻灯片中输入主、副标题。

4．在第二张幻灯片中插入“3 列×7 行”的表格，设置表格的边框为“橙色”，行高为

“1.5 厘米”，将第一列填充为“纹理，粉色面巾纸”底纹，将第一列中的文字垂直居中对齐。

5．将表格的第三列合并为一个单元格，在该单元格中插入图片“教学资源库\习题册\模块 5\02\2.jpg”，并调整大小。

6．在第三张幻灯片中插入幻灯片版式“两栏内容”， 在左、右两侧各插入一个“1 列×4 行”的表格，两个表格的样式均选择“中度样式 2-强调-1”，设置表格的行高为“2 厘米”，列宽为“9 厘米”，并输入文字。

7．将两个表格的后三行填充为“透明度 30%”的底纹。

8．为左侧的表格插入背景，选择“✖”形状，设置“形状轮廓”为“无”，设置“形状填充”为“红色”；为右侧的表格插入背景，选择“○”形状，设置“形状轮廓”为“无”，设置“形状填充”为“绿色”。将两个形状均置于底层，并分别置于表格的中部位置。

9．插入三个“右箭头”形状，设置样式为“强调效果-酸橙色，强调颜色 2”，将三个“右箭头”形状置于两个表格之间。

10．保存文件。

本题的最终效果如图 5-2 所示。

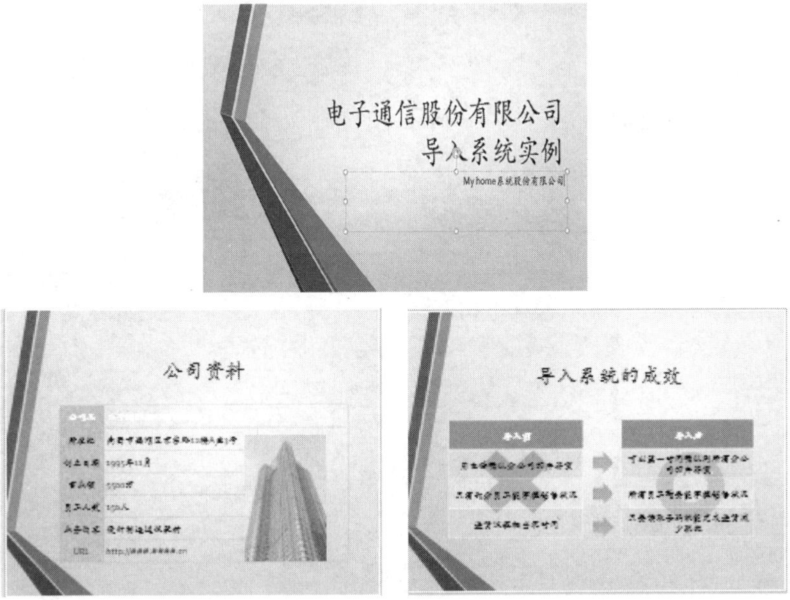

图 5-2

习题 3　快乐旅行社

操作要求：相关素材在“教学资源库\习题册\模块 5\03\”文件夹中。

1．新建一个空白演示文稿，在计算机已连接互联网的前提下搜索联机模板和主题“旅游”，选择合适的主题并下载。

2．打开“教学资源库\习题册\模块 5\03\3.ppt”文件，应用新下载的主题。

3．为第一张幻灯片的主、副标题添加“翻转由远及近”动画，在“开始”下拉列表中选择“上一动画之后”选项，设置持续时间为“03.00”。

4．在标题幻灯片中插入“教学资源库\习题册\模块 5\03\3.mp3”音频文件，并在“开始”下拉列表中选择“自动”选项，选中“跨幻灯片播放”复选框，选中“放映时隐藏”复选框，选中“循环播放，直到停止”复选框。

5．在第二张幻灯片中插入“教学资源库\习题册\模块 5\03\3.png”图片，调整图片的大小及位置。

6．为第三张幻灯片应用“画廊”主题，并选择合适的样式。

7．插入幻灯片页脚，输入日期“2020-6-9”，以及“快乐旅行社旅游说明会”；显示幻灯片编号。注意，在标题幻灯片中不显示页脚内容。

8．设置所有幻灯片的切换方式为“淡出”，设置持续时间为“00.70”。

9．在最后一张幻灯片中，为“友情提示”下方的文本添加“1. 2. 3.……”类型的项目编号。

10．保存文件。

本题的最终效果如图 5-3 所示。

图 5-3

习题 4　南昌风光

操作要求：相关素材在“教学资源库\习题册\模块 5\04\”文件夹中。

1．创建相册。

打开 PowerPoint 2016，在“插入”选项卡的“图像”组中，选择“相册”→“新建相册”选项，打开“相册”对话框，操作步骤如图 5-4 所示。

第一步：在“相册”对话框中，单击“插入图片来自”下方的“文件/磁盘”按钮，打开“插入新图片”对话框，选择“南昌风光”图片，单击“插入”按钮，返回“相册”对话框。

第二步：在“图片版式”下拉列表中选择“1 张图片（带标题）”选项。

第三步：在“相框形状”下拉列表中选择“简单框架，白色”选项。

第四步：单击“主题”右侧的“浏览”按钮，打开“选择主题”对话框，选择相应的主题，单击“打开”按钮。

第五步：在“图片选项”下方选中“标题在所有图片下面”复选框。

第六步：单击“创建”按钮，生成一个新的演示文稿。

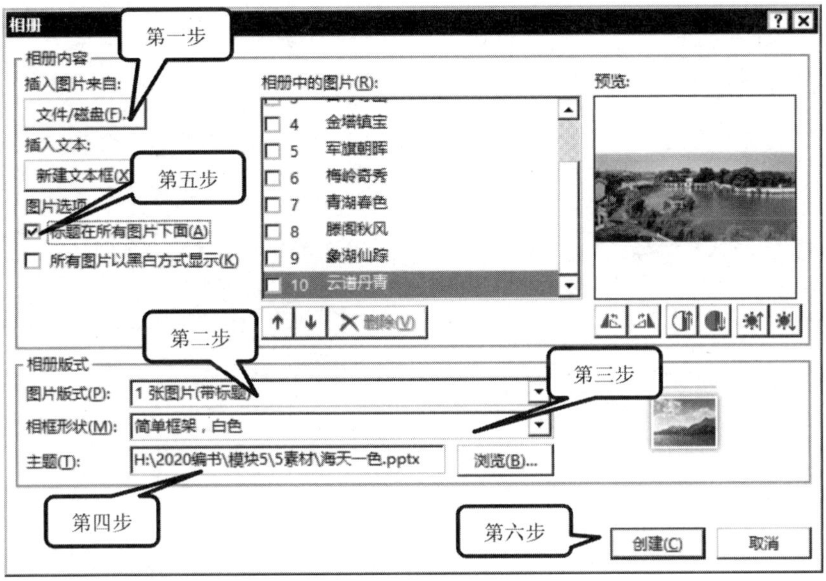

图 5-4

2．设置第一张幻灯片：主标题设置为“南昌风光”，副标题设置为“×××制作”

3．插入音频文件：在标题幻灯片中插入“教学资源库\习题册\模块 5\04\4.mp3”音频文件，并在“开始”下拉列表中选择“自动”选项，选中“跨幻灯片播放”复选框，选中“放映时隐藏”复选框，选中“循环播放，直到停止”复选框。

4．设置幻灯片切换方式：选中所有幻灯片，在“切换”选项卡中选择“无”选项，选中“设置自动换片时间”复选框，设置参数值为“00:06:00”。

5．动画设置。

① 为每张幻灯片中的对象设置不同的进入动画和退出动画。

② 设置进入动画效果，在“计时”组中，在“开始”下拉列表中选择“上一动画之后”选项，设置“持续时间”为“02.00”。

③ 设置进入退出效果，在“计时”组中，在“开始”下拉列表中选择“上一动画之后”选项，设置“持续时间”为“02.00”。设置“延迟时间”为“02.00”。

例如，选中幻灯片中的图片，在“高级动画”选项卡中单击“添加动画”按钮，在弹出的下拉列表中选择“进入”→“淡出”动画效果，然后在“计时”组中，在“开始”下拉列表中选择“上一动画之后”选项，设置“持续时间”为“02.00”。

再单击“添加动画”按钮，在弹出的下拉列表中选择“退出”→“淡出”动画效果，然后在“计时”组中，在“开始”下拉列表中选择“上一动画之后”选项，设置“持续时间”为“02.00”，设置“持续时间”为“02.00”。

最后，添加一张空白版式的幻灯片，插入艺术字“谢谢观看”，设置动画效果为“飞入”，路径为“弧形”，在“开始”下拉列表中选择“上一动画之后”选项，设置“持续时间”为“02.00”。

为所有图片设置动画效果并进行预览。

6．创建视频：将演示文稿转换为视频文件“南昌风光.mp4”，设置每张幻灯片的放映时间为 6 秒。

7．保存文件。

本题的最终效果如图 5-5 所示。

图 5-5

习题 5　宏志集团 2019 年度财务分析

1．新建一个空白演示文稿，选择主题“丝状”。

2．在标题幻灯片中输入主标题“宏志集团 2019 年度财务分析”，输入副标题“报告人：张立荣”。

3．第二张幻灯片的版式选择“标题和内容”，输入标题“资产负债分析”，插入三维饼图，其内容为“其他资产 48%”“应收预付账款 18%”“ 现金 17%”“存货 17%”。

4．设置三维饼图：设置标题为“三类重要流动资产的比例”，并将标题置于三维饼图的上方，在三维饼图的右侧显示图例，设置数据标签，显示“类别名称”和“百分比”。

5．第三张幻灯片的版式选择“标题和内容”。输入标题“资产负债表分析”，并插入如表 5-1 所示的表格，设置表格中文字的字体格式为“黑体”“24 磅”。

表 5-1　第三张幻灯片要插入的内容

项目	余额	跌价准备	计提价
原材料	4453	294	6.60%
产成品	15718	129	0.07%
包装物及其他	2053	-	-
合计	22224	415	1.87%

6．第四张幻灯片的版式选择“标题和内容”。输入标题“损益表分析”，插入三维簇状柱形图，选择“图表样式 5”。三维簇状柱形图的内容为“2018 年销售毛利率，11%”“2019 年销售毛利率，16%”“销售新增量毛利率，41%”。设置维簇状柱形图的标题为“销售毛利率增加是今年利润增加的主要原因”。

7．第五张幻灯片的版式选择“标题和文本”。输入标题“综述”，设置文本格式：一级标题“总体运行良好”和“亟待改进”，二级标题“宏观经济环境严峻”和“管理有待加强”。

8．将主题颜色修改为“蓝绿色”，设置背景为“样式 6”。

9．设置幻灯片大小为“4∶3”。

10．保存文件。

本题的最终效果如图 5-6 所示。

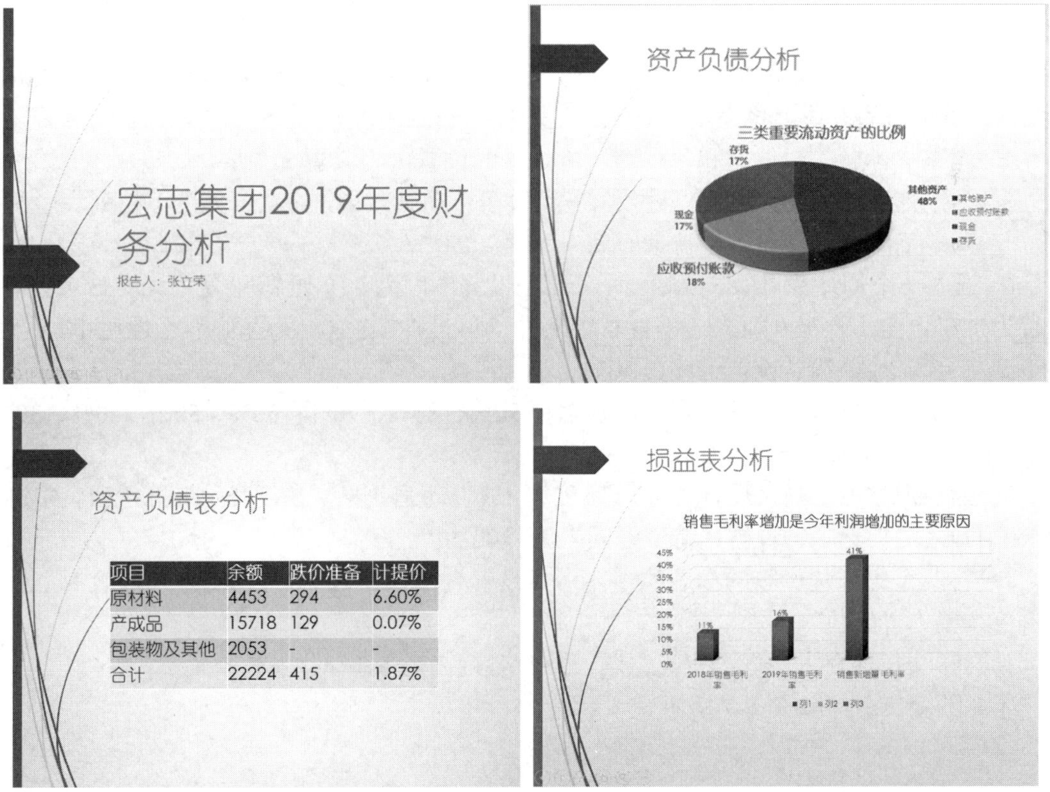

图 5-6

图 5-6（续）

习题 6　动态主题

操作要求：相关样例在“教学资源库\习题册\模块 5\06”文件夹中。

1．新建一个空白演示文稿，切换到母版视图，选择幻灯片母版。

2．画一个矩形，设置高度为“19 厘米”，宽度为“33.9 厘米”，位置为“左上角，水平 0 厘米，垂直 0 厘米”，填充为“渐变，浅色渐变-个性色 1，线性，右下到左上”，边框线条设置为“白色”。

3．复制九个矩形，高度分别缩小 90%、80%、70%、60%、50%、40%、30%、20%、10%。调整矩形的右边，将突出部分缩小到幻灯片右侧。

4．调整“标题”占位符和“内容”占位符的位置，将其置于顶层。

5．为矩形添加动画，设置“进入”→“轮子”动画效果，在“开始”下拉列表中选择“上一动画之后”选项，设置“持续时间”为“00.50”。

6．插入一个幻灯片母版，绘制一个矩形，设置高度为“19 厘米”，宽度为“33.9 厘米”，位置为“左上角，水平 0 厘米，垂直 0 厘米”，填充为“渐变，浅色渐变-个性色 1，线性，右下到左上”，边框线条设置为“白色”。

7．复制九个矩形，高度和宽度分别缩小 90%、80%、70%、60%、50%、40%、30%、20%、10%，将所有矩形置于底层。

8．为矩形添加动画，设置“进入”→“缩放”动画效果，在“开始”下拉列表中选择“上一动画之后”选项，设置“持续时间”为“00.50”

9．将两个幻灯片母版的标题的字体格式设置为“黑体”，将两个幻灯片母版的主标题的颜色设置为“红色”。

10．将文件保存为幻灯自定义主题，并命名为“矩形”。

本题的最终效果如图 5-7 所示。

图 5-7

习题 7　数码相机介绍

操作要求：相关样例在“教学资源库\习题册\模块 5\07”文件夹中。

1．新建一个空白演示文稿，设置幻灯片的切换方式为“推进，自左侧，鼓掌声”，设置持续时间为“01.50”。

2．在第二张幻灯片中插入 SmartArt 图形，选择“循环”→“射线循环”选项，右击外围的任意一个圆形，在弹出的快捷菜单中选择“添加形状”→“在后面添加形状”选项，则生成第 6 个圆形。在各圆形中输入文本，为 6 个圆形填充“顶部聚光”渐变颜色，填充效果选择“射线”→“从中心”选项。选中所有形状进行三维旋转，设置 Y 为 50°，Z 为 30°。设置幻灯片的切换方式为“窗口”，设置持续时间为“10.00”，设置自动换片时间为“20.00”。

3．在第三张幻灯片中插入 SmartArt 图形，选择“流程”→“递增箭头流程”选项，输入文本。设置幻灯片的切换方式为“立方体，自左侧”，设置持续时间为“02.00”。

4．在第四张幻灯片中输入文本。

5．输入的文本内容如表 5-2 所示。

表 5-2　输入的文本内容

幻灯片标题	文 本 内 容
数码相机介绍	制作：❀❀❀ 报告：●●●
技术要点	购买数码相机的首要条件 2 英寸 LCD 超高感光 光学变焦 摄影功能 超千万像素

（续表）

幻灯片标题	文 本 内 容	
发展变化	第一代	500 万像素 2.5 英寸的触控式屏幕 高感光防手抖 2cm 微距拍摄
	第二代	720 万像素 2.5 英寸的触控式屏幕 3 倍光学变焦 使用 Duo 内存卡
	第三代	1000 万像素 3.0 英寸的触控式屏幕 双重防手抖 高感光度动态拍摄 超强电池
历年产品型号	2017 年	TTMA-M60 型号
	2018 年	TTMA-M70 型号
	2019 年	TTMA-M80 型号
	2020 年	TTMA-M90 型号

本题的最终效果如图 5-8 所示。

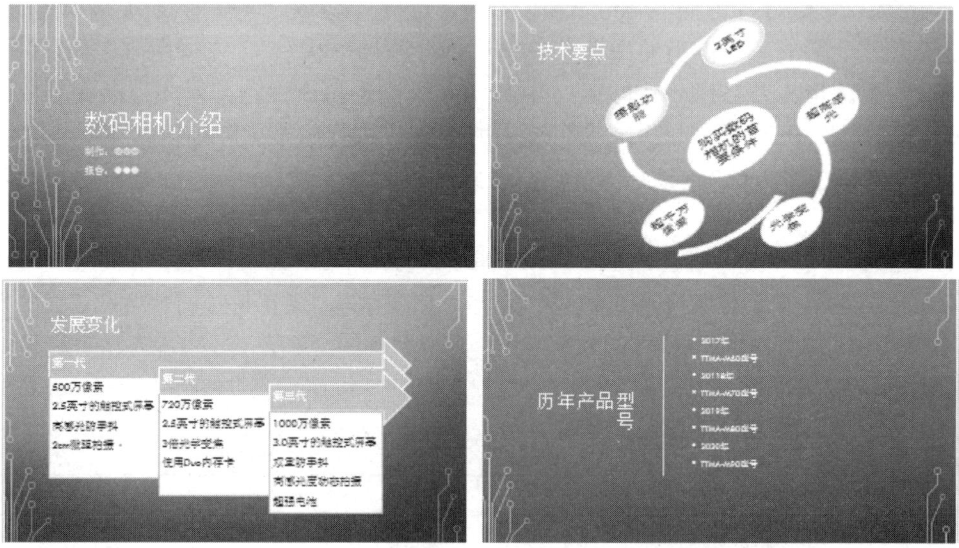

图 5-8

习题 8　邀请卡

操作要求：相关样例在“教学资源库\习题册\模块 5\08”文件夹中。

利用 PowerPoint 2016 中的动画功能制作一张动态卡片。

1．新建一个空白演示文稿，选择空白版式。

2．插入“教学资源库\习题册\模块 5\08\8 背景.jpg”图片，将其作为背景，设置图片的艺术效果为“素描”。

3．设置幻灯片的切换方式为“闪光”。插入“教学资源库\习题册\模块 5\08\8.mp3”音频文件，并在“开始”下拉列表中选择“自动”选项，选中“跨幻灯片播放”复选框，选中“放映时隐藏”复选框，选中“循环播放，直到停止”复选框。

4．插入内容并设置动画效果（见表 5-3）。

表 5-3 插入内容并设置动画效果

插入内容	动画效果	开始	持续时间	延迟	备注
艺术字“尊敬的老师”	进入→出现	上一动画之后	自动		
	强调→脉冲	上一动画之后	00.50		重复三次
	退出→淡化	上一动画之后	00.50	02.00	
艺术字“计算机系全体同学”	向下转弯	与上一动画同时	03.00		
自选图形“心形”，填充为“红色”，设置三维格式：顶部棱台，宽 20 磅，高 20 磅；底部棱台，宽 10 磅，高 10 磅。添加文字“真心”	进入→缩放	上一动画之后	02.25		
	强调→脉冲	上一动画之后	00.50		重复三次
	退出→缩放	上一动画之后	00.50	02.25	
艺术字“邀请您”	进入→淡化	上一动画之后	00.50		
	动作路径→圆形扩展	上一动画之后	02.00		
	退出→消失	上一动画之后	自动	02.00	
艺术字“计算机系全体同学”	退出→擦除	上一动画之后	00.50		
艺术字“为我系的素描比赛担任评委”	进入→旋转	上一动画之后	02.00		
	强调→补色	上一动画之后	05.00		
文本框“时间”“地点”	进入→翻转由远及近	上一动画之后	01.00		
	强调→填充颜色	上一动画之后	02.00	01.00	
	强调→补色	上一动画之后	02.00	01.00	
	强调→波浪	上一动画之后	01.00	01.00	

本题的详细内容不统一要求，同学们可以自由发挥，并根据需要设置其他动画效果，本题的参考效果如图 5-9 所示。

图 5-9

图 5-9（续）

习题 9　古诗《春江花月夜》

操作要求：相关素材在“教学资源库\习题册\模块 5\09”文件夹中。

1．打开“教学资源库\习题册\模块 5\09\9.ppt”文件。

2．插入“教学资源库\习题册\模块 5\09\9.jpg”图片，将其作为背景，将透明度调整为“50%”，并应用于所有幻灯片。

3．在第一张幻灯片中插入“教学资源库\习题册\模块 5\09\9.mp3”音频文件，并在“开始”下拉列表中选择“自动”选项，选中“跨幻灯片播放”复选框，选中“放映时隐藏”复选框，选中“循环播放，直到停止”复选框。

4．将主标题的字体格式设置为“宋体”“66 磅”“黑色”“左对齐”；将副标题的字体格式设置为“宋体”“32 磅”“黑色”“左对齐”。

5．为主标题和副标题设置“进入”→“升起”动画效果，在“开始”下拉列表中选择“与上一动画同时”选项，设置“持续时间”为“10.00”，再设置“退出”→“浮出”动画效果，在“开始”下拉列表中选择“上一动画同之后”选项，设置“持续时间”为“02.00”。

6．将项目符号修改为“☽”。

7．为后面的幻灯片设置“进入”→“淡化”动画效果，让古诗逐句出现，使每句出现的时间与朗读的语速匹配。

8．设置“退出”→“层叠，到右则”动画效果，当古诗朗读结束后，幻灯片内容隐藏。

9．在“幻灯片放映”选项卡的“设置”组中单击“录制幻灯片演示”按钮，伴随音乐朗读全文，进行录制。

10．将演示文稿打包成 CD，保存文件。

本题的最终效果如图 5-10 所示。

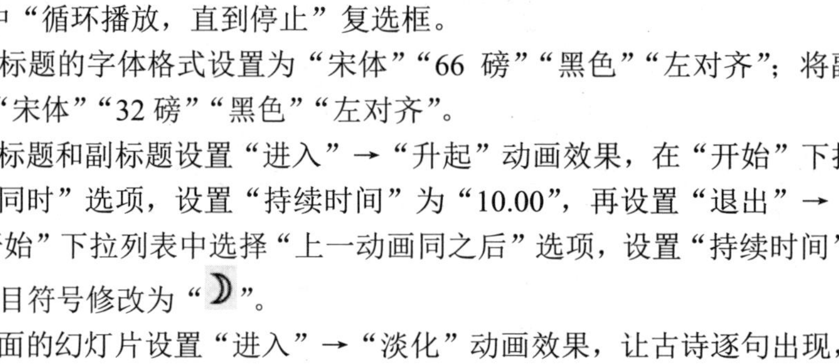

图 5-10

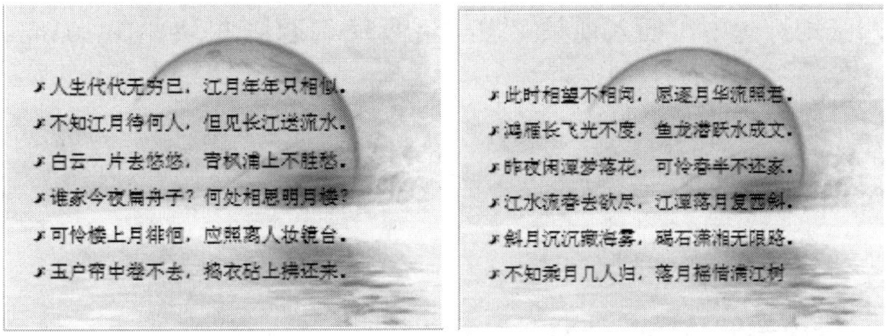

图 5-10（续）

习题 10　认识计算机硬件

操作要求：相关样例在“教学资源库\习题册\模块 5\10”文件夹中。

1．打开文件，应用设计主题“主题计算机”。

2．输入主标题和副标题。

3．在第二张幻灯片中，插入 SmartArt 图形，制作如图 5-11 所示的计算机系统结构图。

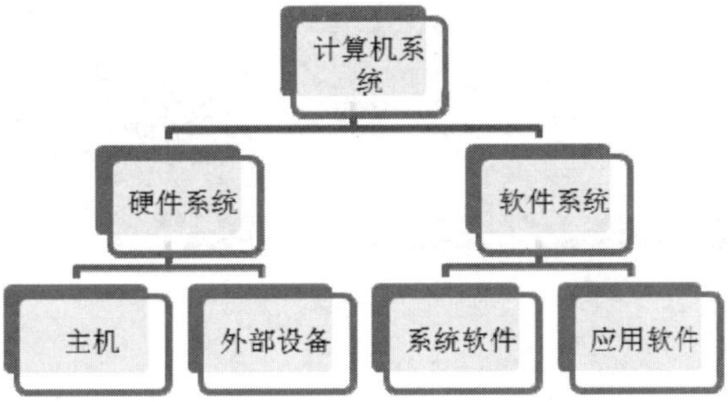

图 5-11

4．在第三张幻灯片中插入如图 5-12 所示的硬件系统结构图。可以在 Word 中利用“文本框”和“基本形状”制作结构图，再以图片的形式插入幻灯片。

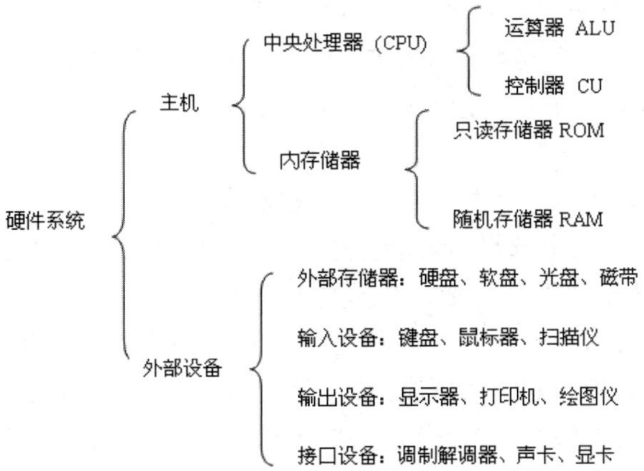

图 5-12

5．在第四张幻灯片中，插入视频“教学资源库\习题册\模块 5\10\10.mp4”。

6．保存文件。

本题的最终效果如图 5-13 所示

图 5-13

习题 11　红色江西

操作要求：相关素材在“教学资源库\习题册\模块 5\11”文件夹中。

1．新建一个空白演示文稿，插入“教学资源库\习题册\模块 5\11\标题图片.jpg”图片，将其作为背景，输入主标题和副标题，如图 5-14 所示。

2．设置主标题的字体格式为“华文琥珀”“80 磅”，设置副标题的字体格式为“隶书”“40 磅”。在主、副标题之间插入粗细为“6 磅”的直线，设置直线的样式为“红色，个性色 4，深色 50%”。

3．在标题幻灯片中插入“教学资源库\习题册\模块 5\11\江西是个好地方.mp3”音频文件，并在“开始”下拉列表中选择“自动”选项，选中“跨幻灯片播放”复选框，选中“放映时隐藏”复选框，选中“循环播放，直到停止”复选框。

4．新建 11 张幻灯片，分别插入 11 个地区的红色景点图片和景点相关的文字内容。

5．在第 2～12 张幻灯片的左则均插入一个高 19 厘米、宽 3 厘米的矩形，将其填充为“金色，个性色 4，深色 25%”，并以艺术字的形式输入 11 个地区的红色景点标题。

6．设置所有幻灯片的切换方式为“页面卷曲，双左”。

7．保存文件。

图 5-14

模块 6

网络基础知识

学习情境一：标准化试题测试

一、单项选择题

1．下列关于计算机网络的说法中，正确的是（　　）。

A．不能远程信息访问

B．不能实现资源共享

C．不受地理约束，实现资源共享

D．不受地理约束、实现资源共享、远程信息访问

2．计算机网络资源共享主要共享（　　）资源。

A．硬件、软件、数据　　B．硬件、程序、数据

C．通信信道、外设、数据　　D．通信信道、程序、数据

3．一般来说，计算机网络可以提供的功能有（　　）。

A．数据通信、资源共享　　B．分布式处理

C．提高计算机的可靠性和可用性　　D．以上都是

4．（　　）具有分布范围小、投资少、配置简单的特征。

A．局域网　　B．城域网　　C．广域网　　D．互联网

5．计算机网络分类的主要依据是（　　）。

A．传输技术与传输介质　　B．传输技术与地理覆盖范围

C．服务器的类型　　D．互联网的设备类型

6．如果某局域网的拓扑结构是（　　），则局域网中的任何一个节点出现故障都不会影响整个网络的工作。

A．总线型结构　　B．星形结构　　C．环形结构　　D．网状结构

7．OSI/RM 协议模型将计算机网络体系结构的通信协议规定为（　　）层。

A．5　　B．6　　C．7　　D．8

8．BBS 站点一般采用（　　）提供的访问方式。

A．HTTP　　B．qq　　C．Web　　D．FTP

9．如果想把两个局域网要相互连接，组成广域网，则可以选择（　　）作为网络连接设备。

A．路由器　　B．网卡　　C．网桥　　D．集线器

10．Internet 被称为（　　）。

A．网络　　B．国际互联网　　C．物联网　　D．城域网

11．TCP/IP 的基本传输单位是（　　）。

A．段　　B．帧　　C．数据报　　D．位

12．OSI 参考模型的最高层是（　　）。

A．传输层　　B．网络层　　C．物理层　　D．应用层

13．网络主机 TCP/IP（IPv4）的地址由一个（　　）的二进制数组成。

A．16 位　　B．32 位　　C．64 位　　D．68 位

14．数据通信中的信道传输速率单位为比特/秒，通常记为（　　）。

A．bit/s　　B．bbs　　C．bpers　　D．baud

15．下列选项中，（　　）属于网络操作系统。

A．Windows 8　　B．NetWare　　C．Windows 10　　D．UCDOS

16．在计算机网络中，TCP/IP 是（　　）。

A．一种网络操作系统　　B．一个网络地址

C．一种通信协议　　D．一个部件

17．Internet 是一个（　　）。

A．大型网络系统　　B．广域网　　C．局域网　　D．世界信息网

18．世界上第一个出现的计算机网络是（　　）。

A．ARPANet　　B．NSFNet　　C．Internet　　D．Milnet

19．常见的 IP 地址分为（　　）。

A．A、B 两类　　B．A、B、C 三类　　C．A～D 四类　　D．A～E 五类

20．每个 A 类 IP 地址包含（　　）个主机号。

A．128　　B．254　　C．65534　　D．16777214

21．下列关于 Internet 的说法中，错误的是（　　）。

A．Internet 即国际互联网　　B．Internet 具有子网和资源共享的特点

C．Internet 提供了多种信息网络系统　　D．Internet 是广域网

22．通过电话线连接上网，用户必须使用（　　）。

A．集线器　　B．调制解调器　　C．网络适配器　　D．网卡

23．TCP/IP 协议是 Internet 中计算机之间通信时必须共同遵循的一种（　　）。

A．信息资源　　B．硬件　　C．软件　　D．通信规定

24．在 TCP/IP 模型中，应用层是最高的一层，它包括了所有的高层协议。下列协议中不属于应用层协议的是（　　）。

A．HTTP　　B．FTP　　C．UDP　　D．SMTP

25．互联网上的服务基于一种协议，WWW 服务基于（　　）协议。

A．POP3　　B．SMTP　　C．HTTP　　D．FTP

26．调制解调器（Modem）的功能是实现（　　）。

A．模拟信号与数字信号的转换　　　B．数字信号的编码
C．模拟信号的放大　　　　　　　　D．数字信号的传输

27．“www.jxswkj.com”是 Internet 中主机的（　　）。
A．硬件编码　　B．密码　　C．软件编码　　D．域名

28．将普通微型计算机连入网络中，至少要在该微型计算机内增加一块（　　）。
A．驱动卡　　B．通信接口板　　C．网卡　　D．多功能板

29．个人计算机接入网络的主要方式是采用（　　）接入方式。
A．PPP 拨号　　B．路由器　　C．电话线　　D．调制解调器

30．在 TCP/IP 协议簇中负责邮件发送的协议是（　　）。
A．POP　　B．SMTP　　C．FTP　　D．Telnet

31．Telnet 的功能是（　　）。
A．文件传输　　B．新闻广播　　C．远程登录　　D．电子邮件

32．Internet 实现了分布在世界各地的各类网络的相互连接，其最基础、最核心的协议是（　　）。
A．TCP/IP　　B．HTTP　　C．TCP　　D．FTP

33．在计算机网络中，表示数据传输可靠性的指标是（　　）。
A．传输率　　B．信道容量　　C．误码率　　D．信息容量

34．目前，局域网的传输介质（媒体）主要有（　　）、同轴电缆和光纤。
A．电话线　　B．双绞线　　C．红外线　　D．通信卫星

35．“http://www.jxswkj.com”中的 http 表示（　　）。
A．协议名　　B．服务器域名　　C．端口　　D．文件名

36．下列关于 ADSL 的说法中，错误的是（　　）。
A．ADSL 的传输速率通常比在 PSTN 上使用传统的 Modem 要高
B．ADSL 可以传输很长的距离，而且其传输速率与传输距离没有关系
C．ADSL 的非对称性表现在上行速率和下行速率可以不同
D．在电话线路上使用 ADSL，可以同时进行电话和数据传输，互不干扰

37．下列属于微型计算机网络特有的设备的是（　　）。
A．显示器　　B．UPS 电源　　C．服务器　　D．主机

38．下列选项中，可以利用 BBS 实现的是（　　）。
A．网上学习交流　　　　　　B．网上兴趣交流
C．网上特定话题讨论　　　　D．以上选项均可以

39．下列关于在互联网上进行网上交流的说法中，错误的是（　　）。
A．Telnet（远程登录）可以登录 BBS
B．“博客”是使用特定的软件，在网络上出版、发表和张贴个人文章的人
C．E-mail 也是一种网上交流形式
D．“万维网”就是 BBS 的论坛

40．发送或接收电子邮件（E-mail）的首要条件是要有一个电子邮件地址，它的正确形式是（　　）。
A．用户名&域名　B．域名@用户名　C．用户名@域名　D．用户名/域名

41．不同政府机构的局域网之间的连接，由于安全的需要和特殊的连接性质，一般也要进行（　　）连接。

A．拨号　　B．交换机　　C．专线　　D．网桥

42．在主机域名中，顶级域名可以代表国家。其中，（　　）代表“中国”的顶级域名。

A．china　　B．zg　　C．cn　　D．ch

43．WWW 上的每一个网页（Home Page）都有一个独立的地址，这些地址被统称为（　　）。

A．主机地址　　B．网络地址

C．统一资源定位器（URL）　　D．邮箱地址

44．（　　）是电子邮件不能实现的。

A．传送声音　　B．传送包裹　　C．传送影像　　D．传送图片

45．如果电子邮件到达时，收件人的计算机没有开启，电子邮件将会（　　）。

A．退回给发信人　　B．保存在服务商的主机上

C．过一会儿，再向对方重新发送　　D．永远不再发送

46．下列选项中，（　　）属于合法的电子邮件地址。

A．huang@163.com　　B．huang.163.com

C．163#huang.com　　D．163.huang.com

47．使用电子邮件（E-mail）既可以传输文本文件，也可以传输（　　）。

A．可执行文件　　B．媒体文件

C．语音文件　　D．语音、图像和其他媒体文件

48．用户使用电子邮件（E-mail）时，用户的账户应该包括（　　）。

A．用户密码　　B．网址

C．E-mail　　D．用户名和用户密码

二、判断题

1．网络上的任意计算机之间都可以交换信息。（　　）

2．在申请电子邮件地址时，如果想申请成功，也可以不同意网站要求用户承诺的协议书。（　　）

3．在 Novell 网的文件服务器上最多可插 4 块网卡。（　　）

4．TCP/IP 属于低层协议，它定义了网络接口层。（　　）

5．拨号网络需要调制解调器（Modem），这是因为它可以拨号连接。（　　）

6．防火墙的作用是增强网络安全性。（　　）

7．路由器（Router）用于连接逻辑上分开的多个网络。（　　）

8．如果某局域网的拓扑结构是总线型结构，则局域网中的任何一个节点出现故障都不会影响整个网络的工作。（　　）

9．互联网的基本含义是计算机网络与计算机网络相互连接。（　　）

10．HTTP 是一种高级程序设计语言。（　　）

11．网络传输介质是决定网络使用性能的关键。（　　）

12．计算机技术和通信技术是计算机网络技术包含的两个主要技术。 （　　）
13．安装拨号网络组件后，不用重新启动，就可以安装拨号网络适配器了。 （　　）
14．网络适配器是逻辑上将计算机与网络连接起来的设备。 （　　）
15．通过网络连接设备将各种广域网和城域网连接起来，就形成了全球范围内的互联网。 （　　）
16．允许用户在输入正确的保密信息时才能进入系统，采用的方法是命令。 （　　）
17．计算机网络是计算机与通信技术结合的产物。 （　　）
18．在互联网中，一台主机的域名由 5 部分组成。 （　　）
19．电子邮件是互联网提供的一项最基本的服务。 （　　）
20．E-mail、FTP、TCP/IP、WWW 是 Internet 提供的主要服务。 （　　）
21．BBS 是“博客”的英文翻译。 （　　）
22．一个 Web 页面可以有多个主页。 （　　）
23．计算机网络是由通信子网和资源子网组成的。 （　　）
24．Internet 最初创建的目的是用于军事。 （　　）
25．IP 地址是由三个点分隔的 4 个数字（范围是 0～255）组成的。 （　　）
26．用户的计算机如果没有连接 Internet，那么就不能发送和接收电子邮件。 （　　）

学习情境二：实训操作测试

习题 1　Microsoft Edge 浏览器的设置

设置 Microsoft Edge 浏览器的各种属性。利用“Microsoft Edge 打开方式”中的“特定页”选项设置主页。

操作要求：

1．启动 Microsoft Edge 浏览器，单击右上角“设置”按钮。

2．弹出“常规”对话框，在“Microsoft Edge 打开方式”中选择“特定页”选项，并在文本框中输入网址，如图 6-1 所示。

3．清除上网时留下的痕迹，如缓存的数据和文件、浏览历史记录等，如图 6-2 所示。

图 6-1

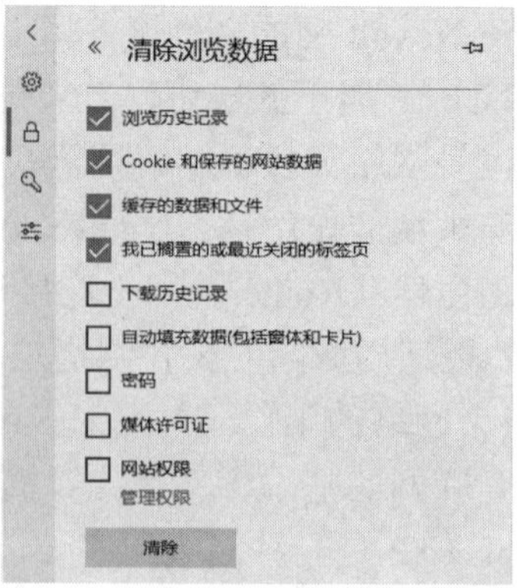

图 6-2

习题 2　搜索引擎

“百度”是全球最大的中文搜索引擎，由李彦宏、徐勇两人于 2000 年 1 月在北京创立。请读者浏览“百度”主页，将该主页添加到收藏夹中，方便以后进行信息搜索。

在“百度”主页中，搜索关键字为“计算机等级考试”的相关信息，在搜索结果中找到“计算机等级考试 百度百科”网页，并将该网页保存在“文档”文件夹中。

将“百度”的网站标志保存在“本机照片”文件夹中。

操作要求：

1．启动 Microsoft Edge 浏览器，在地址栏中输入“百度”的网址。

2．浏览“百度”主页，将该主页添加到收藏夹中，如图 6-3 所示。

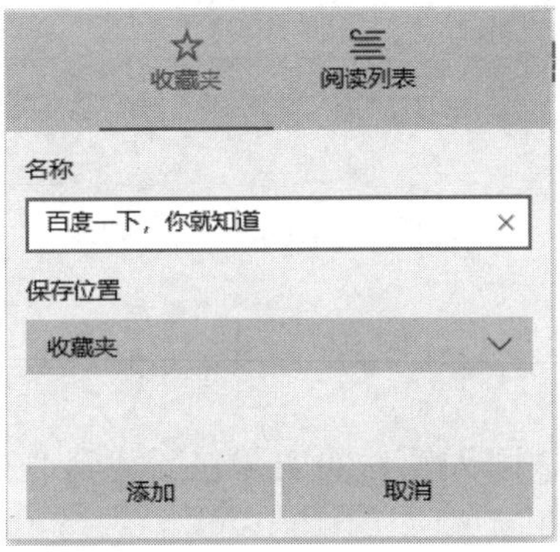

图 6-3

3．将搜索到的“计算机等级考试 百度百科”网页保存在“文档”文件夹中，如图 6-4 所示。

图 6-4

4．将“百度”的网站标志保存在“本机照片”文件夹中，如图 6-5 所示。

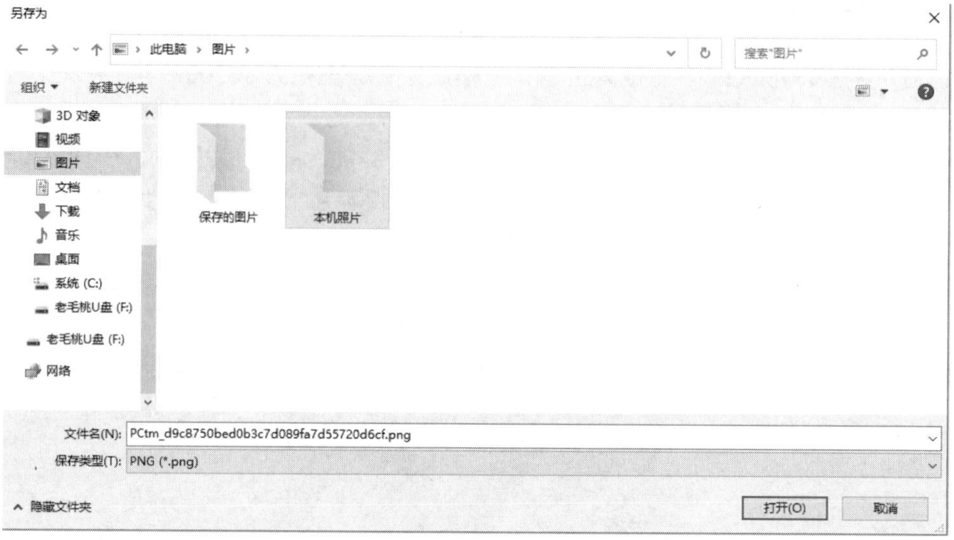

图 6-5

习题 3　QQ 聊天软件

浏览“腾讯”主页，将 QQ 聊天软件的安装包下载到“文档”文件夹中，然后安装 QQ 聊天软件。

操作要求：

1．启动 Microsoft Edge 浏览器，在地址栏中输入“腾讯”的网址。

2．如图 6-6 所示，下载 QQ 聊天软件的安装包，并将其保存在“文档”文件夹中。

3．按照提示安装 QQ 聊天软件。

4．登录 QQ，将查找到的好友添加到“联系人”栏中。

图 6-6

习题 4 电子邮件

电子邮件给人们的通信带来了极大的便利，请在“网易邮箱”主页上申请免费的电子邮箱。并给朋友发一封电子邮件，将自己的几张近照打包，以附件的形式发送给对方。

操作要求：

1．启动 Microsoft Edge 浏览器，在地址栏中输入“网易邮箱”的网址。

2．在如图 6-7 所示的窗口中，按照提示完成电子邮箱的注册操作。

3．使用注册的用户名和密码登录，打开电子邮箱的首页后，在“收件人”一栏中输入对方的电子邮件地址，在内容栏中输入有关内容。

4．将已打包的照片添加到附件中，然后发送电子邮件。

图 6-7

习题 5 新浪微博

随着互联网的高速发展，微博也成为一种时尚的通信方式，尽管在一条微博中最多只能输入 140 个字，但是这些简短的语句却能形象地抒发用户的感受。请登录“新浪微博”主页，开通个人微博。

操作要求：

1．启动 Microsoft Edge 浏览器，在地址栏中输入“新浪微博”的网址。

2．在如图 6-8 所示的窗口中，按照提示完成新浪微博的注册操作。

3．立即查看电子邮箱，按照提示激活“新浪微博”，注册成功。

4．登录“新浪微博”后，尝试发一条微博。

微博注册
https://weibo.com/signup/signup.php
微博
个人注册
官方注册
* 手机:
0086 请输入您的手机号
* 设置密码:
* 生日:
请选择
年
月
日
* 激活码:
免费获取短信激活码
收不到验证码?
立即注册
微博服务使用协议
微博个人信息保护政策
全国人大常委会关于加强网络信息保护的决定
已有帐号，直接登录»
微博注册帮助
微博注册操作指南
手机注册时提示手机号码已被绑定怎么办?
注册微博时昵称显示"已经被注册"如何处理?
注册时提示"你所使用的IP地址异常",该怎么办?
更多帮助»

图 6-8

习题参考答案

模块 1

一、单项选择题

1. B　2. A　3. C　4. D　5. C　6. C　7. A　8. B　9. C　10. D　11. A
12. C　13. D　14. C　15. D　16. A　17. D　18. D　19. B　20. A　21. B
22. C　23. A　24. D　25. C　26. B　27. C　28. C　29. B　30. C　31. A
32. D　33. A　34. C　35. B　36. B　37. C　38. B　39. A　40. C　41. C
42. C　43. D　44. A　45. C　46. D　47. B　48. C　49. B　50. D　51. C
52. B　53. B　54. A　55. C　56. B　57. C　58. C　59. D　60. D　61. B
62. D　63. C　64. A　65. C　66. B　67. C　68. B　69. D　70. C　71. D
72. A　73. C　74. D　75. D　76. B　77. D　78. C　79. D　80. C　81. A
82. B　83. C　84. A　85. C　86. A　87. B　88. C　89. C　90. D　91. B
92. A　93. C　94. C　95. C　96. B　97. B　98. C　99. D　100. B　101. A
102. D　103. B　104. D　105. D　106. B　107. D　108. C　109. C　110. A
111. C　112. D　113. C　114. D　115. B　116. C　117. D　118. C　119. A
120. B

二、判断题

1. √　2. ×　3. ×　4. ×　5. ×　6. √　7. √　8. ×　9. √　10. √　11. √
12. ×　13. ×　14. ×　15. ×　16. √　17. √　18. ×　19. √　20. √

模块 2

一、单项选择题

1. B　2. B　3. A　4. C　5. D　6. C　7. A　8. B　9. C　10. C　11. B
12. B　13. D　14. A　15. C　16. D　17. A　18. C　19. B　20. A　21. B
22. C　23. D　24. C　25. D　26. B　27. C　28. B　29. A　30. D　31. B
32. C　33. D　34. C　35. A　36. D　37. B　38. A　39. C　40. A　41. B

42. B 43. A 44. A 45. B 46. D 47. B 48. C 49. B 50. D 51. C
52. A 53. B 54. A 55. B 56. D 57. A 58. B 59. C 60. C 61. D
62. B 63. D 64. A 65. B 66. C 67. A 68. A 69. D 70. C 71. B
72. B 73. C 74. C 75. B 76. D 77. D 78. B 79. B 80. C 81. D
82. D 83. D 84. D 85. C 86. A 87. D 88. C 89. C 90. B 91. C
92. C 93. D 94. A 95. D 96. B 97. A 98. C 99. B 100. A

二、多项选择题

1. ABC 2. AD 3. AB 4. BC 5. BD 6. ABCD 7. AB 8. CD 9. ABC
10. AD 11. ABCD 12. ACD 13. ABCD 14. ACD 15. ABCD 16. AD

三、判断题

1. × 2. √ 3. √ 4. √ 5. √ 6. × 7. √ 8. × 9. × 10. √ 11. √
12. × 13. × 14. √ 15. √ 16. √ 17. √ 18. √ 19. √ 20. × 21. √
22. √ 23. × 24. √ 25. √ 26. × 27. √ 28. √ 29. × 30. × 31. ×
32. √ 33. × 34. × 35. × 36. × 37. × 38. √ 39. × 40. √ 41. ×
42. × 43. √ 44. √ 45. × 46. √ 47. × 48. × 49. √ 50. × 51. √
52. × 53. × 54. √

模块 3

一、单项选择题

1. A 2. A 3. B 4. C 5. C 6. A 7. A 8. D 9. B 10. A 11. C
12. B 13. A 14. B 15. A 16. D 17. B 18. B 19. B 20. A 21. D
22. A 23. C 24. B 25. B 26. C 27. C 28. B 29. B 30. B 31. A
32. A 33. B 34. B 35. B 36. C 37. C 38. B 39. C 40. B 41. B
42. B 43. C 44. D 45. A 46. D 47. A 48. C 49. C 50. B

二、判断题

1. × 2. √ 3. √ 4. √ 5. × 6. × 7. × 8. × 9. √ 10. × 11. √
12. × 13. × 14. √ 15. × 16. × 17. × 18. × 19. × 20. √ 21. √
22. √ 23. √ 24. × 25. √ 26. √ 27. √ 28. × 29. × 30. √

模块 4

一、单项选择题

1. A 2. B 3. D 4. C 5. B 6. A 7. D 8. C 9. D 10. C 11. D
12. B 13. A 14. C 15. D 16. C 17. A 18. A 19. C 20. B 21. C
22. B 23. A 24. B 25. B 26. C 27. D 28. B 29. C 30. D 31. A
32. D 33. B 34. B 35. A 36. A 37. A 38. A 39. C 40. B 41. C
42. D 43. B 44. A 45. D 46. B 47. B 48. B 49. C 50. A 51. B
52. A 53. A 54. A 55. B 56. C 57. D 58. D 59. C 60. A 61. A
62. A 63. D 64. B 65. C 66. A 67. A 68. D 69. D 70. B 71. B
72. A 73. D 74. C 75. B 76. C 77. A

二、判断题

1. × 2. √ 3. × 4. × 5. √ 6. × 7. √ 8. √ 9. √ 10. × 11. ×
12. × 13. √ 14. √ 15. √ 16. × 17. × 18. × 19. √ 20. ×

模块 5

一、单项选择题

1. A 2. D 3. B 4. A 5. A 6. C 7. A 8. D 9. B 10. B 11. B
12. B 13. A 14. C 15. A 16. D 17. C 18. C 19. A 20. B 21. C
22. B 23. C 24. D 25. C 26. B 27. B 28. A 29. B 30. C 31. A
32. D 33. D 34. D 35. D 36. C 37. A 38. C 39. B 40. B

二、判断题

1. √ 2. × 3. × 4. × 5. √ 6. √ 7. √ 8. × 9. √ 10. × 11. √
12. × 13. × 14. √ 15. √ 16. √ 17. √ 18. √ 19. √ 20. √ 21. √
22. × 23. √ 24. √ 25. √ 26. × 27. √ 28. × 29. √ 30. √

模块 6

一、单项选择题

1. D 2. A 3. D 4. A 5. B 6. A 7. C 8. C 9. A 10. B 11. C

12. D 13. B 14. A 15. B 16. C 17. A 18. A 19. B 20. D 21. D
22. B 23. D 24. C 25. C 26. A 27. D 28. C 29. A 30. B 31. C
32. A 33. C 34. B 35. A 36. B 37. C 38. D 39. D 40. C 41. C
42. C 43. A 44. B 45. C 46. A 47. B 48. B

二、判断题

1. √ 2. × 3. √ 4. × 5. × 6. √ 7. × 8. √ 9. √ 10. √ 11. ×
12. × 13. √ 14. × 15. √ 16. × 17. × 18. √ 19. × 20. √ 21. ×
22. × 23. × 24. √ 25. √ 26. √

反侵权盗版声明